厨房密语

赵怀信◎编著　餐桌上的烹饪百科

吉林科学技术出版社

U0376316

作者简介

赵怀信：中国烹饪大师，中国餐饮文化名师，国家高级烹饪技师，全国餐饮业国家级评委，法国国际美食协会大中华区荣誉主席，吉林省餐饮协会副会长，中国烹饪协会会员，1991年入选《中国厨师名人录》，1994年入选《中国厨师菜典》《华夏名厨名菜选编》，同时被聘为特邀编委。通晓烹饪历史与烹调理论，擅长东北菜、鲁菜、宫廷菜、家常菜等。

编委会

编　著：赵怀信

副主编：刘玉利　张鑫光

编　委：王伟晶　邵志宝　高　伟　廉红才　窦凤彬　赵　军

厨房密语

餐桌上的烹饪百科

目录 CONTENTS

第一课 擦亮眼睛
食材有常识

满足味蕾
各种调味品

第二课

蔬菜菌类

畜肉

煎炒烹炸
技法要入门

第四课

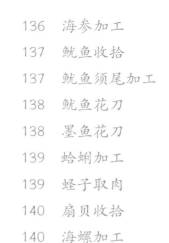

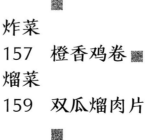

美味我做主
烹饪晋级篇

第五课

13

厨房密语

餐桌上的烹饪百科

友情提示

1/2小匙 ≈ 2.5克

1小匙 ≈ 5克

1/2大匙 ≈ 7.5克

1大匙 ≈ 15克

1/2杯 ≈ 125毫升

1大杯 ≈ 250毫升

此菜配有视频制作过程

DIET SCIENCE
饮食科学

第一课

擦亮眼睛
食材有常识

第一课 擦亮眼睛 食材有常识

中国菜素以择料严谨而著称。早在清代，袁枚就曾对选料做过论述："凡物各有先天……物性不良，虽易牙烹之，亦无味也。……大抵一席佳肴，司厨之功居其六，采办之功居其四。"就是说美味佳肴的制作取决于厨师烹调水平的高低，而烹调水平的发挥，则在一定程度上取决于食材的正确选用。

蔬菜菌类

蔬菜是可供佐餐的草本植物的总称。此外，还有少数木本植物的嫩芽、嫩茎和嫩叶（如竹笋、香椿、枸杞的嫩茎叶等），部分菌类等也可作为蔬菜食用。

按照蔬菜的主要生物学特性或食用部位的不同，蔬菜可分为十几大类，主要有根茎类、花卉类、甘蓝类、芥菜类、绿叶类、葱蒜类、茄果类、瓜类、豆类、薯芋类、水生蔬菜、多年生蔬菜、菌类等。而从大众实用的角度出发，我们也可以把蔬菜分为叶菜、瓜果菜、根茎菜和其他类等。

野菜入馔好

野菜资源在我国十分丰富，分布较广，品种繁多。目前可供食用、有营养而无害的野菜品种有数百种之多，其中比较常见的野菜有蕨菜、苦苣菜、荠菜、马兰、苜蓿、马齿苋等，不胜枚举。

充分合理利用野菜，不仅能广辟食源，也会增添我们的生活情趣。更为重要的是，野菜中的维生素与无机盐含量比一般蔬菜高，对人体有很好的功效。另外野菜没有受到化肥、农药的污染，味道也鲜美适口。

蔬菜颜色与营养

蔬菜的颜色有多种，其中常见的为绿色蔬菜。绿色蔬菜含有较多的叶绿素，总体颜色为绿色，如菠菜、芹菜、香菜等。黄色及红色蔬菜是指蔬菜中所含的色素以类胡萝卜素或黄酮类色素为主，总体颜色呈黄色的蔬菜，如胡萝卜、黄花菜等。此外还有一些其他颜色的蔬菜，但种类较少，以浅色或白色为主。

蔬菜的颜色与营养关系密切。颜色深的蔬菜，其营养价值较高，而颜色浅的蔬菜营养价值相对低。

此外，同类蔬菜由于颜色不同，营养价值也不尽相同。比如黄色胡萝卜比红色胡萝卜营养价值高，其含有的黄碱素，还有预防癌症的功效。

蔬菜生食和熟食

从营养和保健的角度出发，有些蔬菜以生食为好，可以最大限度地保留蔬菜中的维生素和微量元素。

许多蔬菜中都含有干扰素诱发剂，它会刺激人体正常细胞产生干扰素，进而产生一种抗病毒蛋白，而这种功能只有在生食的前提下才能实现。抗病毒蛋白能抑制癌细胞的生长，又能有效调节机体免疫力。

蔬菜熟食的好处在于有利于胡萝卜素的吸收。深绿色和黄色蔬菜富含胡萝卜素，以熟食为好，会提高胡萝卜素的吸收利用率。

蔬菜熟食，维生素C易被破坏，但蔬菜还有比较稳定的其他营养素，这些营养素不会因加热而损失，也能对人体健康发挥作用。

新鲜蔬菜不宜久存

如果经常将蔬菜存放数日再食用是非常危险的。危险来自蔬菜含有的硝酸盐，在储藏一段时间之后，由于酶和细菌的作用，硝酸盐被还原成一种有毒物质——亚硝酸盐。因此在市场上采购蔬菜应挑选新鲜的，不应贪图便宜而购买萎蔫、泛黄的蔬菜。此外新鲜蔬菜在冰箱内储存期不应超过3天。

叶菜

　　叶菜是以肥嫩的叶片及叶柄作为食用部分，其中包括普通叶菜，如小白菜、菠菜、苋菜、芹菜等；结球叶菜，如结球甘蓝、大白菜、结球莴苣等；香辛叶菜，如大葱、韭菜、香菜等；鳞茎状叶菜，如洋葱、大蒜、百合等。叶菜以绿色居多，只是深浅不同，有的绿中泛红，有的绿中泛白。

叶菜的选购

　　家庭在选购叶菜，如白菜、油菜、菠菜、茼蒿时，要选叶菜的颜色一致，菜根完全挺拔，无物理伤害的。有些以捆把出售的叶菜，内部叶子可能已经变色，选购时要小心挑选。

　　此外如果叶菜的叶片变黄、变黑、变软、萎缩，茎秆受损，这样的叶菜最好不要买。

叶菜巧保存

　　适宜大多数叶菜的保存温度在0℃左右，所以冰箱冷藏室比较适合存放叶菜。叶菜水分较多，保鲜主要是要保持水分，其方法是用浸湿的纸或者湿布将叶菜包起来。另外避光是叶菜保存的要点，叶菜中的叶绿素在光合作用下会变成叶黄素，加快蔬菜衰老黄化的速度，使叶菜损失营养和口感。

叶菜切制后要分别放置

　　韭菜、芹菜等叶菜是烹调常用食材。在初加工和清洗过程中，不要搞乱叶和茎，造成无法切制、烹炒。清洗时要根是根、叶是叶，而且切制时，根茎、菜叶要分别放置，其虽然简单，但作用较大，可以在烹调时准确下料，次序不会乱。因为蔬菜根茎粗壮，较为耐热，先下锅烹炒，出锅前再放入菜叶部分。菜叶部分下锅后，要迅速翻炒几下，出锅装盘即可。只有这样，蔬菜受热、入味均匀，质量一致，才能确保成菜的质量和风味。如果根茎、菜叶混放在一起再同时下锅，成菜质感不同，风味也会大为逊色。

绿色叶菜为什么会变黄

绿色叶菜在贮藏时处于植物的衰老阶段，随着保存时间的延长，绿色叶菜中的叶绿素受叶绿素水解酶、酸和氧的作用，逐渐降解为无色，使蔬菜绿色部分消失；同时由于类胡萝卜素与叶绿素同存于叶绿体的叶绿板层中，当叶绿素降解为无色后，呈黄色的类胡萝卜素则显露出来，使蔬菜的绿色部分变为黄色或红色。这种变色现象又称为叶菜的"变黄"，变黄是鲜嫩的蔬菜生理衰老和食用价值降低的表现。

叶菜巧去草酸

叶类蔬菜，如菠菜等含有比较多的草酸，这是一种腐蚀性很强的物质，并且影响人体对钙、镁等微量元素的吸收和利用。所以烹制叶类蔬菜时，需要先把叶菜放入沸水锅中稍烫片刻，捞出，过凉（如不过凉，叶菜容易变色），再烹调制作菜肴。此法可除去叶菜大部分草酸，且能保持叶菜的营养成分。

蔬菜适宜先洗后切

蔬菜中含有大量水溶性维生素，易溶解在水中，尤其是维生素C，切好的蔬菜用清水洗，其维生素C会损失60%。此外，如果切后再洗蔬菜，很容易使蔬菜表面的泥沙粘在刀口上，污染到蔬菜的切面，反而洗不干净了。因此为了保证蔬菜营养素少流失，食用蔬菜更卫生，蔬菜应该先洗后切。

叶菜要旺火速炒

新鲜叶菜在烹制时要用旺火速炒，因为用旺火速炒可以保护叶菜中维生素少受损失。叶菜在加热过程中，本身所含的营养素会受到不同程度的破坏，而旺火速炒可大大降低维生素的损失。其次旺火速炒由于温度高、速度快、时间短，可以保持蔬菜质地脆嫩、口感适宜。

叶菜加盐不宜早

用旺火炒制叶菜时，为了保持菜肴脆嫩爽口，避免产生过多汤汁，需要注意放盐不宜早，且盐的用量不宜多。用旺火速炒的叶菜质地鲜嫩，含水分较多，在烹制时如果放盐较早，会造成叶菜水分和水溶性营养素的溢出，从而失去了嫩脆质感，降低了叶菜的营养价值。

瓜果菜

瓜果菜是以肥硕的果实或幼嫩的种子作为主要食用部分。严格来说瓜果菜又分为瓠果类，如南瓜、黄瓜、冬瓜、瓠瓜、丝瓜、苦瓜等；浆果类，如茄子、辣椒、番茄等；荚果类，如扁豆、刀豆、豇豆、豌豆等。

黄瓜要刷洗

黄瓜皮层有很多小棱和细刺，并且多数呈弯曲状，沟棱内带有大量的沙泥。用一般方法洗涤不但洗不干净，细刺还会刺手，很不方便。所以在清洗黄瓜时最好用小刷子刷洗，这样洗的速度快，既洁净，又方便。

豆类菜肴要煮透

对于一些豆类蔬菜，如四季豆、豇豆等，必须煮熟透后才能食用。因为不熟的豆类蔬菜中含有一些毒素，食用后会出现恶心等症状。所以豆类必须煮至熟透，以破坏这些毒素，才能保证食用安全。

焯瓜果菜不要放碱

焯瓜果菜时加入少许食用碱，能使瓜果菜，如豇豆、四季豆等色泽碧绿，易于煮烂。但是从营养角度来说，这样做会破坏食材中的维生素，降低营养价值，所以焯瓜果菜时不要放碱。

茄干要用热水浸泡

茄干在食用前要用热水浸泡，而不要用冷水。因为冷水浸泡，容易产生亚硝酸盐，而用热水浸泡可以去除茄干中的有害物质，不再产生亚硝酸盐。因此泡发茄干要用热水，不用冷水。

瓜果菜带皮食用营养佳

有些瓜果菜，如丝瓜、茄子等，最好带皮烹制成菜。瓜果菜的表皮色泽鲜艳美观，皮层内含有多种维生素、叶绿素和膳食纤维，所以这些蔬菜带皮食用风味别致。如果去皮烹制食用，会损失很多营养成分，还会失去食材本身的色泽和风味。

茄子忌挑重的买

茄子采收期比较长，从初夏到晚秋长达六个月，是夏秋季节的主要蔬菜之一。在挑选茄子时要注意，茄子的品质与采收是否适时关系很大。嫩茄子颜色发黑，皮薄肉松，重量小，籽嫩味甜。茄子一旦老了，皮厚肉紧籽实，肉和籽容易分离，重量大，老茄子的食用价值和营养价值都会降低，做出来的菜肴也不好吃。所以在购买茄子时，先用手掂一掂，拿在手里沉甸甸的是老茄子，不宜购买。

美味的樱桃番茄

现在市场有一种称为樱桃番茄的小番茄，是番茄的一个变种，被联合国粮农组织列为优先推广的"四大水果"之一。樱桃番茄又名葡萄番茄、小西红柿、圣女果、珍珠番茄等，在国外又有"小金果""爱情果"之称。樱桃番茄既是蔬菜，又是水果，它不仅色泽艳丽、形态优美，而且味道适口、营养丰富，除了含有番茄的所有营养成分之外，其维生素含量也比普通番茄高。

鲜豌豆保存小窍门

鲜豌豆一般在每年5月下旬至6月中旬上市，一般秋冬季很难购买到鲜豌豆。鲜豌豆如果保存得当，可以保存半年而不变质。具体方法如下：把鲜豌豆放入沸水锅内，加上少许精盐烫1分钟，捞出，迅速放入冷水中降温，使豌豆瞬间冷却，捞出，沥水，分成小份包装，放入冰箱冷冻室内冷冻，食用时根据菜肴的需要量，取出豌豆即可。

存放焯过的瓜果菜应拌点油

焯煮后的瓜果菜如果不能立即烹调，要稍存放后再加工成菜时，需要把蔬菜拌上少许植物油。因为瓜果菜经沸水焯煮后，质地发生了很大变化，存放不当极易变色、枯萎。拌点植物油，能使瓜果菜光泽鲜艳，不易变色，又能隔绝空气，防止氧化，并减少维生素C的损失。

根茎菜

根茎菜是以植物肥嫩的茎秆或肥大的根须作为主要食用部位，它的种类比较多，在蔬菜中占有相当重要的位置。其中根菜主要包括萝卜、胡萝卜、根用甜菜、牛蒡、辣根、山芋、甘薯等；茎类又有地上茎和地下茎之分，品种包括土豆、慈姑、莲藕、马蹄、莴苣、茭白、芦笋、山药、竹笋等。

根茎蔬菜巧去皮

用手洗方法清洗根茎菜上面残留的泥土，既费时，又不易洗净，如果用刀削去根茎菜的表皮，又可能因削去的部分太多而造成浪费。使用擦洗炊具的不锈钢清洁球，就能解决这些问题。方法是把要清洗的根茎菜浸泡在水中，手执清洁球稍加搓擦，即可迅速地将根茎菜表面上的泥土、薄皮除净，十分方便实用。

炸薯片时，薯片要先用盐水浸泡

炸薯片是孩子们喜欢的一种食品。家庭在制作时需要注意，切制后的薯片要放入淡盐水中浸泡一下再炸制。这是因为先用盐水浸泡一下，可使薯片吸收部分咸味，这样薯片就带有基本味了，同时还可以去除薯片表面的残胶和淀粉，炸制时不至于炸焦。另外用淡盐水浸泡过的薯片炸后色泽金黄，松脆可口。

胡萝卜用油烹调好

胡萝卜质地脆嫩，味甜鲜美，营养丰富，是很多人非常喜食的根茎类蔬菜之一。我们知道胡萝卜含有丰富的胡萝卜素，而胡萝卜素属于脂溶性维生素，它只有溶解在油脂中，才能在人体内转变成维生素A被人体吸收。所以说，胡萝卜最好用油脂烹调成菜。如果用水烹或者生食，胡萝卜素的吸收率则会降低很多，而且不易消化。

为什么要选用泡菜入馔

泡菜原本是寻常百姓家里的一种佐餐小菜。泡菜的基本制作方法是把各种蔬菜类食材，经过整理洗净，切制，放入调制好的泡菜盐卤坛内，经过乳酸菌发酵泡制而成。

根据食材在坛内泡制时间的长短，泡菜又可分为陈年泡菜，当年泡菜和洗澡泡菜三种。陈年泡菜泡制时间较长，一般泡二年以上；当年泡菜泡制时间在一年以内；洗澡泡菜泡制时间最短，一般只需要几天即可。

近年来，聪明的厨师根据泡菜的制作特点和风味特色，将泡菜引入到各种荤菜食材的菜肴之中，创新出了多款泡菜风味菜肴。用泡菜烹制而成的美味佳肴，对菜肴风味的创新发展起到了巨大的推动作用。

选择入馔的泡菜不仅可以作调料、配料，甚至还可以作主料。泡菜在菜肴烹制过程中，还能起到赋色增香，除腻祛腥，压抑异味，提味增鲜，突出风味特色等作用，使人口味一新。

竹笋保存小窍门

竹笋与其他食材一样，如果存放不当，会失去水分，使肥嫩、鲜美的竹笋变得质老、干瘪，这样烧制出的菜肴也会失去风味。我们可以采用煮制法以延长竹笋的保鲜时间，就是把竹笋去壳，放入沸水锅内煮5分钟，取出，摊放在篮子里，吊挂在通风处。这种方法可使竹笋保鲜两周而不变质。

炒制根茎菜少用油

家庭炒制根茎菜或者是其他蔬菜时，无论是用动物油还是植物油，都以适量为宜。如果炒制时用油太多，蔬菜外部会包裹上一层油膜，致使调味料不易渗入，食用后消化液不能完全与食物接触，不利于消化吸收。此外常吃油脂过多的菜肴，也会引发各种疾病，对人体健康不利。

菌类

菌类植物结构比较简单，没有根、茎、叶等器官，一般不具有叶绿素等，也是一种比较原始、古老的低等植物。菌类品种比较多，其中主要有茶树菇、草菇、猴头菇、金针菇、口蘑、平菇、香菇、榛蘑、银耳、竹荪、木耳、滑子蘑、鸡枞、黄蘑等。

食用菌选购窍门

眼看：主要是看食用菌的形态和色泽，以及有无霉烂、虫蛀等现象。

鼻闻：质量好的食用菌应香气纯正、无异味，不要购买有刺鼻气味的菌类。食用鲜菌时，若闻着有酸味，则可能已变质，不宜食用。

手握：选购干品食用菌时应选择水分含量较少的产品，若含水分过高，不仅压秤，而且不易保存。

食用菌保存窍门

食用菌应放在通风、透气、干燥、凉爽的地方，避免阳光长时间的照晒。干品食用菌一般易吸潮、霉变，因此食用菌要注意防潮，干燥储藏，以防霉变。

食用菌易氧化变质，可用铁罐、陶瓷缸等可密封的容器装贮，容器应内衬食品袋。另外食用菌大都具有较强的吸附性，适宜单独贮藏，以防串味。

鲜金针菇不宜多食

鲜金针菇中含有一种叫"秋水仙碱"的物质，"秋水仙碱"本身虽无毒，但经过肠胃的吸收，在体内氧化为"二秋水仙碱"，在食用鲜金针菇时具有较大的毒性，所以每次不宜多食鲜金针菇。

由于鲜金针菇的有毒成分在高温60℃时可减弱或者消失，因此食用鲜金针菇前，应先将鲜金针菇放入沸水锅内焯烫一下，捞出，用清水浸泡，再烹制成菜，这样"秋水仙碱"就被破坏掉了，食用就安全了。

罐装食用菌的选购

香味浓郁、鲜嫩爽口、营养丰富的食用菌佳肴，是家庭餐桌上常见的美味。由于鲜食用菌不宜存放太久，所以大多数食用菌被制成罐头。经过很多道加工程序制成的罐头，其鲜美程度往往比鲜品差，因此在选购和加工时要注意以下几点。

选购罐装食用菌时要选择菌体健壮、整齐划一、富有光泽的。如果菌体瘦小、参差不齐、变色、无光泽，不要选购。此外食用菌罐头内的原汤会导致菌体发咸，可焯水除去。具体方法是锅内放入清水、少许葱姜和花椒，烧沸后放入食用菌焯水，捞出，过凉，沥净水分，再烹制成菜。

食用菌浸泡时间不宜过长

食用菌营养丰富，口味鲜美，除了鲜品外，多以干品出售，烹制前必须进行泡发。但是食用菌浸泡的时间不宜过长，因为一般食用菌中含有一种分解酶，在用80℃热水浸泡时，这种酶就会催化食用菌中的糖核酸，分解成具有鲜味的物质。如果浸泡的时间过长，食用菌中的脱磷酸酶就会使它失去浓郁的鲜味，这样就降低了食用菌的风味和质量。

猴头菇营养佳

猴头菇又称猴头菌，为我国特产食用菌，因其外形酷似小猴的脑袋，而得猴头菇之雅称。野生猴头菇数量非常少，因此自古以来与熊掌、鱼翅、燕窝等齐名，非达官显贵者很难享用。现在经过人工种植，猴头菇的产量有大幅度提高，已经成为家庭常用食用菌之一。现经科学测定表明，人工培育的猴头菇营养成分与野生猴头菇相近，其食用和药用价值基本等同于野生猴头菇。

不宜食用鲜木耳

大家普遍认为越新鲜的食物营养越好，但事实并非如此，比如鲜木耳就含有一种"卟啉类光感物质"，人们食用鲜木耳后，经太阳光照射，可引起皮肤瘙痒、水肿等症状。而干木耳是经暴晒处理的成品，在暴晒过程中会分解大部分"卟啉类"，而在食用前，干木耳还要经过浸泡等步骤，干木耳含有的少许"卟啉类光感物质"会溶于水，因而水发的干木耳可安全食用。

其他菜

其他菜是指其他可作为蔬菜食材，供烹调食用的品种，或者为家庭中不常食用的蔬菜品种，其主要包括花菜类、甘蓝类、多年生蔬菜、芥菜类、野菜类等，主要品种有朝鲜蓟、花椰菜、茴香、芥蓝、西蓝花、食用大黄、香椿、雪里蕻、紫甘蓝等。

蔬菜的四个等级

根据蔬菜所含各种营养素的不同，营养学家把蔬菜的营养价值概括为甲、乙、丙、丁四个等级。

甲类蔬菜：主要富含胡萝卜素、核黄素、维生素C、钙、纤维等，这类蔬菜营养价值较高，主要有小白菜、菠菜、芥菜、苋菜等。

乙类蔬菜：营养价值低于甲类蔬菜，其又可分为三种。第一种含核黄素，包括所有新鲜豆类和豆芽；第二种含胡萝卜素和维生素C较多，包括胡萝卜、芹菜、大葱、青蒜、番茄、辣椒、红薯等；第三种主要含维生素C，包括大白菜、甘蓝、花椰菜等。

丙类蔬菜：含维生素较少，但含热量却远远超过甲类蔬菜和乙类蔬菜，品种有红薯、山药、芋头、南瓜等。

丁类蔬菜：含有少量或微量的维生素C，营养价值较低，品种有冬瓜、竹笋、茭白等。

花椰菜巧保存

如果短时间保存花椰菜，可用白纸把花椰菜包裹好，放入冰箱内冷藏即可。如果需要较长时间的保存，可将花椰菜切成小朵，稍微焯烫一下，捞出，过凉，沥水，放入保鲜袋内，再放入冰箱冷冻室内冷冻保存。焯烫花椰菜的用意是让花椰菜不会再开花、变黄，不过不能烫得太熟，否则花椰菜容易变烂。

清除蔬菜上残留农药的方法

家庭中清除蔬菜瓜果上残留农药的简易方法除了去皮外，还有以下几种：

浸泡水洗法：污染蔬菜的农药主要为有机磷类杀虫剂。有机磷类杀虫剂难溶于水，此种方法仅能除去部分污染的农药。但浸泡水洗法是清除蔬菜上其他污物和去除残留农药的基本方法。浸泡水洗法是先用清水冲洗掉蔬菜表面污物，再用清水浸泡，浸泡时间不得少于10分钟。

碱水浸泡法：有机磷类杀虫剂在碱性环境下分解迅速，所以此方法是去除农药污染的有效措施，可用于各类蔬菜。方法是先将表面污物冲洗干净，浸泡到碱水中10分钟（一般500毫升水中加入食用碱5克），然后用清水冲洗几遍即可。

储存法：农药在存放环境中可随时间的推移而缓慢地分解为对人体无害的物质。所以对易于保存的蔬菜，如红薯、马铃薯、冬瓜等，可通过一定时间的存放，减少农药残留量。

加热法：随着温度升高，氨基甲酸酯类杀虫剂分解加快。所以对一些用其他方法难以处理的蔬菜，可通过加热去除部分农药。方法是先用清水将蔬菜表面污物洗净，放入沸水锅内焯烫2分钟，捞出，再用清水冲洗干净即可。

营养美味紫甘蓝

紫甘蓝又称红椰菜，是结球甘蓝中的一个变种，因其外叶和叶球都呈紫红色而得名。紫甘蓝传入我国的时间比较短，加上在烹炒时颜色会成黑紫色，不太美观，虽然其营养成分高于普通甘蓝，但我国不习惯生食，故栽培不普遍，只是近年来才有比较大的发展。

紫甘蓝营养丰富，含有蛋白质、脂肪、膳食纤维、各种维生素、胡萝卜素、糖类及钙、磷、铁等，对动脉硬化、胆结石患者及肥胖人士有较大的益处。

紫甘蓝的食用方法多样，宜烧煮、炒食、凉拌、腌渍或做泡菜等。紫甘蓝含有丰富的色素，是制作沙拉或为西餐配色的好食材。在炒或煮紫甘蓝时要注意，要保持紫甘蓝艳丽的紫红色，在烹制时必须加上少许白醋，否则加热后会变成黑紫色，影响成菜美观。

畜肉

畜类是人类为了经济或其他目的而驯养的哺乳动物。畜类的种类很多，但作为肉用畜类，我国主要有猪、牛和羊三种，此外还有兔、马、驴、骡、狗、骆驼等，但应用不广泛。

畜类在人们的饮食中占有很重要的地位，它含有人体必需的营养物质，对人体生长发育，细胞组织的再生和修复，增强体质等有着非常重要的作用。

新鲜畜肉选购

新鲜畜肉的表皮微微干燥，肌肉颜色均匀，呈浅红色，富有光泽，切面稍有湿润而无黏性，肉质紧密而有弹性，指压后凹陷立即恢复，脂肪为白色。而变质畜肉的表皮过分干燥，肌肉为暗红色或灰色，切面过度潮湿和发黏，肉质松软且无弹力，有腐臭气味，脂肪呈灰白色。

注水畜肉鉴别

与新鲜畜肉不同，注水后的畜肉表面有水淋淋的亮光，注水过多时，水会从肉上往下滴。割下一块畜肉放在盘子里，稍待片刻就会有水流出。用卫生纸贴在畜肉上用手紧压，等纸湿后揭下来，用火可点燃，则为新鲜畜肉，若不能燃烧，则说明畜肉中注了水。

病死畜肉鉴别

畜类病死后再解体的为死畜肉，因畜类未放血或放血少，畜肉肌肉呈暗红色，切开肌肉表面并用刀背按压，可见肌肉间毛细血管溢出暗红色淤血，切面呈豆腐状，含水分多。

囊虫病肉鉴别

囊虫病是寄生在畜类体内的一种寄生虫病，对人身危害很大。囊虫病肉最显著的特征是瘦肉中有呈椭圆形、乳白色、半透明的水泡，大小不等，从外表看，像是肉中夹着白色的米粒。

畜肉保存方法大全

刚买回来的新鲜畜肉，用浸过食用醋的湿布包裹起来，可保鲜一整日不变质。

把调好的芥末面和鲜畜肉放在盘子里，然后将盘子置于密封的容器内(如高压锅)，也可保证畜肉整日不会变质。

鲜畜肉洗净，浸泡在煮沸后冷却的花椒盐水中，畜肉可保鲜2～3天。

将畜肉切成大小均匀的长条块或方块，在畜肉表面涂上少许蜂蜜，再用线把畜肉串起来，挂在通风处，可存放一段时间，而且畜肉味道会更为鲜美。

畜肉切成1厘米厚的片，用沸水焯烫一下，捞出，凉凉，涂抹上少许精盐，装入容器内，用纱网封口，放在通风、阴凉处，热天也可保存一星期左右而不变质。

将鲜畜肉洗干净，放入高压锅内，上火加热至排气孔冒气，然后扣上限压阀后端下，可保存畜肉2天以上而不变质。

将鲜畜肉煮至熟，趁热放入刚熬好的猪油里，可保存畜肉较长时间不变质。

把煮好的畜肉放入冷藏室，一般可维持5天的新鲜度，放入冷冻室可保存2～3周，存放时要封装好，最好将畜肉浸在肉汁中同时冷冻，否则肉中水分会消失，使畜肉变得又干又硬。

用葡萄糖溶液对鲜畜肉进行喷雾处理，可保鲜一个月。

鲜畜肉用双层塑料袋或锡纸包裹好，放入冰箱冷冻室内，可保存半年。

如果是畜肉罐头制品，需要放入冰箱冷藏室，一般畜肉罐头，如肉松等开罐后，保存期约10天。

畜肉制品鉴别要点

畜肉制品包括灌肠(肚)类、酱卤肉类、烧烤肉类、肴肉、咸肉、腊肉等。在鉴别和挑选这类食品时，一般是以外观（包括色泽、组织状态）、气味和滋味等感官指标为依据。应当留意畜肉类制品的色泽是否鲜明，有无加入人工合成色素，肉质的坚实程度和弹性如何；有无异臭、异物、霉斑等；是否具有该类制品所特有的正常气味和滋味。其中注意观察畜肉制品的颜色、光泽是否有变化，品尝其滋味是否鲜美，有无异味。

猪

猪是一种杂食性肉用家畜，哺乳纲偶蹄目猪科猪属，其肉质细嫩鲜美，营养丰富，是人类主要肉食品之一，约占肉食消费总量的80%左右。猪肉除以鲜肉供食用外，还适宜于加工成火腿、腌肉、香肠和肉松等制品。

猪肉不要用水泡

为了将猪肉洗净，或者将冻肉解冻，人们有时候会把猪肉长时间浸泡在水中，这种做法并不好。猪肉在水中浸泡时间越长，其肌红蛋白流失得越多。如果您想把冻肉解冻，可将冻肉提前取出，让其自然缓慢解冻；还可以带着塑料袋放在水中，这样不仅保证了肉的质量，也保存了肉中的营养成分。

过嫩猪肝不宜食用

有些人认为猪肝炒得不嫩，口感欠佳，猪肝应该炒得越嫩越好。但要知道，食用过嫩猪肝，对身体是有害的。

猪肝是猪体内最大的毒物中转站与解毒器官，各种有毒的代谢产物都会积聚在肝脏中，如果猪肝烹制时间太短，不但难以杀死肝脏内的细菌，而且也不能有效地除去猪肝中的有毒物质。因此烹制猪肝时不要只图鲜嫩可口，而忽视了健康。

鲜猪肚保鲜法

有些名菜如油爆肚丝、滑熘肚片等，必须选用鲜猪肚，才能使菜肴口感脆嫩，如果猪肚不新鲜，必定失去其特有的风味。猪肚不易保鲜，您可以参考以下方法，来延长保鲜时间。

将鲜猪肚的肚子翻转，除去油膜，然后再翻转成原样，用盐将猪肚的黏液面擦匀，在夏季可存放在冰箱的冷藏室内，冬季可把猪肚用塑料袋包裹放入容器内，置于阴凉、通风、避光处，可保存猪肚2个月仍鲜嫩如初。此种方法要注意盐的使用量，一般一个猪肚用盐100克，盐量少则达不到防腐目的，但过量使用，会使猪肚失去特有的脆嫩性。

火腿不宜放入冰箱

有的家庭将火腿放入冰箱内贮存以延长其保鲜时间，其实这种做法的结果适得其反。火腿放入冰箱内保存，会加快火腿内脂肪的氧化速度，这种氧化又具有自催化性质，使氧化反应的速度大大加快，火腿质量明显降低，反而造成贮存期缩短。正确贮存火腿的方法是把火腿挂在避光通风处，这样可以防止火腿中脂肪的氧化，延长火腿贮存时间。

有些腊肉不能吃

腊肉是高油脂食品，其在温度、阳光、水分及微生物的作用下，会产生一系列的氧化反应，产生过氧化合物，致使腊肉的气味和口味发生变化，产生难闻的气味，就是我们所说的"哈喇味"。这种"哈喇味"不仅降低腊肉的营养价值，而且对人体有损害作用，会引起血管扩张和充血等。因此从健康角度讲，腊肉一旦产生"哈喇味"就不能食用了。

牛羊

牛的品种决定了牛肉质量的优劣，我国牛的品种主要有三种，其中黄牛是我国特产，其肉质肥嫩，脂肪分布均匀，色泽鲜艳，口味鲜美，是比较理想的牛肉产品。

我国羊的品种主要有绵羊和山羊之分。绵羊臀部肌肉丰富，肉质坚实，色泽暗红，肌肉中较少夹杂脂肪；山羊体形比绵羊小，皮质厚，皮下脂肪稀少，但腹部脂肪较多，肉呈较淡的暗红色，有比较重的膻味，但肌肉较多。

牛肉保鲜方法

蜂蜜保鲜：鲜牛肉切成条或块，在表面涂抹些蜂蜜，并用线串起，挂在通风处，可存放一段时间，且肉味更加鲜美。

醋巾保鲜：如果把牛肉包裹在蘸过醋的干净餐巾内，过一昼夜牛肉还能保持新鲜。

料酒保鲜：把鲜牛肉洗净，放入保鲜袋内，淋上适量的料酒后保存，也有很好的保鲜效果。

姜汁保鲜：对于冷冻的牛肉，解冻后可加上一些姜汁拌匀，不仅可以使冻牛肉返鲜，还可使牛肉更加鲜嫩。

牛肉腌渍需加糖

腌渍牛肉首先是用白糖，用糖不单是解决味道问题，更重要的是用白糖腌渍牛肉，糖渗入到牛肉里去，肉质会变得更鲜嫩。糖腌后还要渗水搅拌，以免使牛肉脱水而收缩变硬。而且糖渗入到牛肉里后，一遇上水，会因吸水而使牛肉稍微变涨，从而降低了牛肉的韧性和硬度。

涮羊肉时间不宜太短

涮羊肉能够较好地保存羊肉中的活性营养成分，但应注意选用的羊肉片越新鲜越好，并要切得薄一些，在沸腾的锅内烫1分钟左右，羊肉的颜色由鲜红变成灰白即可食用，时间不宜太短，否则不能完全杀死羊肉片中的细菌和寄生虫虫卵。另外火锅汤的温度要高，最好一直处于沸腾状态。

烤羊肉串不宜多吃

烤羊肉串以其色美、味香，吸引着众多的食客，但烤羊肉串不宜多食。烤制羊肉串是在炭火上熏烤，并且与炭火直接接触，加热后羊油滴落在火上燃烧生成的烟雾中含有一种叫作"苯并芘"的化学物质，它大量附着在羊肉串的表面，这种化学物质便会随羊肉一起进入人体。"苯并芘"是一种国际公认的最强的致癌物之一，当它在人体内蓄积到一定含量时，会在人体组织内部诱发癌变。经科学检测表明，羊肉串烤的时间越长，所含"苯并芘"的量就越多，对人体的危害也越大。

此外在羊的肌肉内常寄生着一种叫作"旋毛虫"的寄生虫，如果烤羊肉串时，烤的火候不到，部分羊肉不熟，就会把"旋毛虫"幼虫吃进胃内，继而进入肠内并发育为成虫。"旋毛虫"会引起高烧等症状，并且对心、肝、肾有损伤，严重危害人体健康，因此烤羊肉串还是少吃为佳。

禽蛋豆制品

禽类

　　禽类的品种有很多，其中主要是家禽。家禽是指人类为了经济、饮食或其他目的而驯养的各种禽类，如鸡、鸭、鹅、鸽、鹌鹑等等。

　　禽类营养价值高，做出的菜肴质地细嫩，口味鲜香，易于被人体消化吸收，所以受到大众的喜爱。

圈养禽类与散养禽类

　　禽类是烹调中的优质食材，并且也是人们喜食的主要食品之一。目前市场上出售的禽类主要有圈养与散养两种，它们的质地差异比较大，烹调前必须根据菜肴的要求，认真地鉴别和选料。

　　圈养禽类的饲养单一但比较精细，禽类活动少，生长期短，腥味少，脂肪多，皮薄脯大，肉质非常鲜嫩，出肉率比散养禽类高15%左右，但不及散养的禽类味鲜。圈养禽类适宜用炸、熘、烹、炒等技法，快速加工成菜。

　　散养禽类的饲料比较复杂，禽类的生长期长，肌肉质地粗老，皮厚脯小，不丰满，宰杀后皮肉褐红，不美观。但散养禽类比圈养禽类味道醇正，非常适宜用烧、炖、煨、煮等耗时长的烹调方法加工成菜。

禽类营养

　　从烹调加工以及可利用角度来看，禽体由禽肉、脂肪、内脏、筋骨四部分组成，其主要营养成分包括蛋白质、脂肪、糖类、维生素、无机盐和水分等。总体而言禽类比畜肉营养价值高，首先禽肉蛋白质含量高，是优质蛋白质的来源之一。其次脂肪含量低，禽肉脂肪中含有丰富的不饱和脂肪酸，而且易被人体消化吸收，这是禽肉脂肪的一个特点。此外禽肉及内脏都含有较丰富的维生素A、B族维生素、维生素D、维生素E等，特别是禽的肝脏中维生素A的含量十分丰富。此外禽类中微量元素以磷、铁含量较多。

家禽巧鉴别

有些不法商贩在出售的禽类中做手脚，损害消费者的利益。对禽类做手脚主要体现在三个方面，即灌水、塞肫、死禽当活禽售，大家在选购时可从以下几点加以鉴别。

塞肫家禽：检查活禽是否塞肫，可察看活禽肫（嗉子）是否歪斜肿胀。如果用手捏摸感觉有颗粒状的内容物，则可能是事先塞的稻谷等；如果捏上去感到软乎乎的，沉甸下垂，则禽肫内塞的多是浓稠物。

灌水家禽：检查家禽腹内是否灌水，可用手捏摸家禽的两翅骨下。若不觉得肥壮而是有滑动感，则多是用针筒注射了水。另外灌注水量较多的禽类多半不能站立，只能蹲着不动，由此亦可参考鉴别。

活禽肉与死禽肉：活禽肉的切口不整齐，放血良好，切口周围组织有被血液浸润现象；禽体表皮色泽微红，具有光泽，皮肤微干而紧缩，脂肪呈白色或淡黄色。而死禽肉的切口平整，放血不良，切口周围组织无被血液浸润现象；死禽肉的表皮呈暗红色或微青紫色，有死斑，无光泽，而脂肪呈淡黄色或红色，血管中淤存有暗紫红色血液。

砂锅炖禽营养高

家庭中有时为了方便、快捷，使用高压锅炖制家禽，虽然制作时间短，可是吃起来不鲜香。因为高压锅有高压、高温双重作用，尽管禽肉很快熟了，但由于时间短，禽肉中的氨基酸、肌苷等鲜味物质很少溶解于汤中，来不及散发应有的香味。另外高温、高压对某些营养素有一定的破坏作用。

因此在炖煮禽类或其他动物性食材时最好使用砂锅，虽然砂锅的传热比铁、铝等金属锅要慢一些，但是砂锅受热均匀，食材的各种营养成分可以逐渐地溶解并释放出鲜香味。如果没有砂锅，厚铁锅也可以，因为锅底厚并受热均匀，煮沸时还有少量铁元素会溶解入汤内，有益于铁质的摄取及防治贫血。

鸡

鸡是家禽业中饲养量最大的品种，为鸟纲鸡形目雉科原鸡属，是人类高质量营养食品的重要来源之一。

现代商品鸡按生产用途可分为蛋用型、肉用型和肉蛋兼用型。蛋用鸡是以食蛋为养殖目的的鸡。肉用鸡是以食肉为养殖目的的鸡，有白羽和有色羽两种。肉蛋兼用型既可食肉，又可产蛋，鸡的大小也介于蛋用鸡和肉用鸡之间，一般肉质良好，蛋产量较多。

与畜肉比较，鸡肉脂肪含量低，脂肪中饱和脂肪酸少，而亚油酸较多，有温中益气、补精添髓之功效，对体虚食少、产后缺乳、病后虚弱、营养不良等，均有一定的食疗功效。

土鸡 · 肉鸡 · 仔鸡 · 母鸡

土鸡又称柴鸡，一般是农家散养，吃的是小虫、杂粮，喝的是山间清泉；肉鸡一般是采用流水线笼装养殖，吃的是饲料，喝的是自来水。土鸡和肉鸡在营养构成上没有实质性差异，主要区别在于脂肪和蛋白质的含量。土鸡脂肪含量低而蛋白质含量高；肉鸡的脂肪含量高，蛋白质含量低。另外土鸡肉中抗生素类药物残留少，因此如果有条件时应选食土鸡，对健康更为有利。

鸡肉的营养成分主要是蛋白质，其次才是脂肪、微量元素和无机盐等。而仔鸡的肉里含蛋白质较多，相对而言老母鸡的肉含蛋白质少。这是因为仔鸡的肉占体重的60%左右，所以仔鸡的肉营养价值高。

但从祛风、补气、补血的功效来看，老母鸡的补益功效更高，许多久病、瘦弱者用来补身效果显著。母鸡愈老，功效越好。因为老母鸡含有的钙质多，用小火熬汤，最适宜贫血患者、孕妇和消化力弱的人补养身体。

鸡汤不放盐，味道不清鲜

用鸡煮制汤羹时，许多呈鲜成分，诸如谷氨酸等都溶于鸡汤中，谷氨酸本身并没有鲜味，它必须与食盐中的钠离子结合成谷氨酸钠，才能产生浓郁的鲜味，食盐实际上是味精的助鲜剂，没有食盐加入，鸡汤就不能产生浓郁的鲜味。出锅前放入食盐，不仅汤味鲜美，而且还有利于人体的消化吸收。

产妇不宜食用炖老母鸡

很多产妇产后尽管营养很好，但奶水不足，满足不了用母乳喂养婴儿的需求。产后奶水不足的原因很多，其中一个重要方面是产后吃了炖老母鸡。

产妇产后吃炖老母鸡，为什么会导致奶水不足呢？这是因为产妇分娩后由于血液中雌激素和孕激素的浓度大大降低，催乳素才会发挥促进泌乳的作用，促使乳汁分泌。但是产妇产后食用炖老母鸡，由于老母鸡的卵巢和蛋衣中含有一定量的雌激素，使血液中雌激素浓度增加，催乳素的效能就因之减弱，进而导致乳汁不足，甚至完全回奶。

雄激素具有对抗雌激素的作用，而公鸡睾丸中含有少量的雄激素。因此产妇产后若吃一只清炖的大公鸡，连同睾丸一起食用，无疑会促进乳汁分泌。如果发现乳头不通，即乳房发胀而无奶，切勿吃公鸡催奶，否则会引起乳腺炎。

鸡臀尖和鸡肺不宜食用

有人贪图鸡臀尖（鸡屁股）的香味，有人不舍得丢弃鸡肺，然而食用这两个部位既不卫生，也不科学。我们知道鸡臀尖除了有较多脂肪组织外，还有无数的淋巴组织，这些淋巴组织中可能暗藏鸡体内的各种致病物质。人们食用鸡臀尖后会危害身体健康，且后患无穷。

鸡肺中的肺泡细胞能够吞入活鸡吸入的微小灰尘颗粒，因此在烹制前如果不将鸡肺去除，虽然通过加热可起到一定消毒、杀菌作用，但有时也不能全部去除灰尘颗粒，人们食用鸡肺后，会对人体健康有害。

鸭鹅

鸭子是一种常见的家禽，为鸟纲雁形目鸭科鸭属，世界各地普遍饲养。家鸭起源于"凫"，而"凫"泛指野鸭，狭义指绿头鸭。鸭子的分布遍及世界各国，而多集中于欧亚大陆，是一种重要的烹调食材之一。

鹅为鸟纲雁形目鸭科雁属大型水禽，喜食草，适于水乡和丘陵等地区放牧饲养，鹅肉及其羽毛有较高的经济价值。鹅按体形可分为大中小三种，我国著名的品种有武岗铜鹅、广东阳江鹅、安徽雁鹅、湖南溆浦鹅、江浙太湖鹅、东北豁眼鹅和山东玉龙鹅等。

鸭子选购有窍门

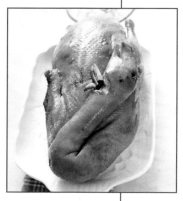

观色：鸭的体表光滑，呈乳白色，切开后切面呈玫瑰色，表明是质量好的鸭子。如果鸭皮表面渗出轻微油脂，或鸭皮呈浅红色或浅黄色，同时鸭子的切面呈暗红色，则表明鸭子的质量较差。

闻味：质量好的鸭子有特有的香味，而质量一般的鸭子腹腔内有少许腥霉味，如果闻到较浓的异味，则说明鸭子已变质。

辨形：新鲜质优的鸭子，形体一般为扁圆形，腿的肌肉摸上去结实，有凸起的胸肉；反之若鸭肉摸上去松软，腹腔潮湿或有霉点，则鸭子质量不佳。

鸭肉的食疗功效

鸭子的品种有很多，其中常见的品种有青头鸭、纯白鸭、乌骨鸭等。

青头鸭肉有通利小便、补肾固本的效果，常吃可利尿消肿。

乌骨鸭肉可以很好地预防及治疗结核病。它可以抑制毛细血管出血，减少潮热咳嗽、咯血等症状。

纯白鸭肉有清热的效果，妊娠高血压者宜常食。

鸭子巧保存

鸭子的营养价值较高，但也易腐败变质，主要的原因是微生物作用、发酵作用和氧化作用，这些会引起鸭肉中的蛋白质分解和油脂酸败。保存鸭肉的方法很多，一般采用低温保存是比较合适的。家庭中可把鸭子收拾干净，放入保鲜袋内，置于冰箱冷冻室内冷冻保存。一般情况下，保存温度越低，鸭子可保存的时间就越长。

巧识注水鸭

注过水的鸭，翅膀下一般有红针点或乌黑色，其皮层有打滑的现象，肉质也特别有弹性，用手轻轻拍一下，会发出"噗噗"的声音。最快捷的识别方法是用手指在鸭腔内膜上轻轻抠几下，如果是注过水的鸭子，就会从肉里流出水来。

肥嫩北京填鸭

北京填鸭是用填食器对鸭子强行填食、喂育而成的，故被称为北京填鸭。北京填鸭体形美观大方，肌肉丰满，有填养时间短，育肥快，肥瘦分明，皮下脂肪厚，鲜嫩适度，不腥不酸等特点，也是制作北京烤鸭的理想食材。

鹅肝味美价值高

取食鹅肝所选用的鹅都是专门挑选的，这些鹅春天出生，到了秋天，每天用填鸭的方式，至少被喂食1千克的饲料，时间长达四周以上，直到鹅的肝脏被撑大为止。鹅肝中的不饱和脂肪酸含铜、卵磷脂、脱氧核糖核酸和核糖核酸等，具有很高的药用价值。

鹅掌入菜有历史

鹅掌在我国入菜的历史悠久。相传精于饮食的五代名僧谦光曾有"但愿鹅生四掌、鳖留两裙"之说，而曹雪芹祖父曹寅也曾说过："百嗜不如双跖羹"，以上均表明鹅掌是一种美味。古往今来，历代名厨以鹅掌（或鸭掌）制作的风味名菜有很多，当今川菜中的"红烧鹅掌"、淮扬菜中的"掌上明珠"等，一直是脍炙人口的佳肴。

蛋类

禽蛋为雌禽所产的卵，根据禽类品种的不同，禽蛋可分为家禽蛋和野禽蛋两类。烹饪中常用的禽蛋为家禽蛋，其中以鸡蛋用得最多，此外还有鸭蛋、鹅蛋、鹌鹑蛋等。野禽蛋产量少，一般不提倡食用。禽蛋制品中以皮蛋、咸蛋、糟蛋等最为常见。禽蛋含有丰富的营养物质，其中蛋清和蛋黄在成分上有显著不同，一般蛋黄内营养成分含量和种类比蛋清多，所以蛋黄的营养价值比蛋清高。

鲜蛋为什么会变成"咸蛋"

咸蛋是鲜蛋用食盐腌制而成的。食盐具有一定的防腐能力，能有效地抑制微生物的繁殖，使鲜蛋中的蛋清、蛋黄的分解和变化速度减慢，因而咸蛋能保存较长时间。

鲜蛋放入食盐溶液中浸泡，由于蛋壳内外两种溶液的浓度不同产生了渗透压，于是食盐溶液通过蛋壳表面渗入蛋内使蛋变咸。其渗入的速度与盐水溶液的浓度和温度成正比，也和食盐的纯度和盐渍方法等因素有关。

鸭蛋为什么会变成"皮蛋"

皮蛋的制作方法较多，但所使用的食材基本相同，都是用纯碱、生石灰、草木灰、茶叶、食盐、水等，按一定比例调匀成混合料液，放入鸭蛋，在一定的温度和时间内，混合料液通过蛋壳渗入鸭蛋内，使鸭蛋清和鸭蛋黄发生复杂的化学变化，蜕变成风味独特的皮蛋。

婴幼儿不宜吃过多鸡蛋

婴幼儿的消化能力差，如果让婴幼儿大量吃鸡蛋，不但容易引起消化不良，而且由于鸡蛋清中含有抗生物素蛋白，它在肠道中与生物素结合后能阻止对维生素的吸收，造成婴幼儿维生素缺乏，影响婴幼儿身体健康。

此外，半岁前的婴儿不宜食用鸡蛋清。因为婴儿的消化系统发育尚不完善，肠壁的通透性较高，鸡蛋清中白蛋白分子较小，有时可通过肠壁而直接进入婴儿血液，使婴儿对异体蛋白分子产生过敏现象。

土鸡蛋和鸡场蛋有不同

随着鸡蛋的生产量越来越大，消费者对鸡蛋的要求也越来越高。消费者普遍认为"土鸡蛋"味道清香，蛋黄颜色漂亮，营养价值比鸡场蛋要高。

鸡场所养的鸡吃的都是饲料，其营养全面，但是却不可能像自然中的饲料那样丰富。散养鸡可以吃到青草、小虫、谷粒和草籽等天然的食物，蛋中产生的风味自然比较丰富。而饲料鸡一年四季吃一种混合饲料，自然风味单调。

再说蛋黄的颜色。散养鸡经常吃的青草、菜叶等，富含胡萝卜素，它们积累在蛋黄中，把蛋黄的颜色染成漂亮的橙红色；饲料鸡没有吃青草的机会，所以蛋黄只是核黄素产生的浅黄色。

不过也不能单凭蛋黄颜色来判断饲养方法，因为目前国内外已经开发出一些饲料添加剂，吃了添加剂的饲料鸡，蛋黄颜色也会变得非常美丽，当然这类添加剂要求安全无害。

营养学研究发现，散养鸡与饲料鸡所下的蛋相比，其中蛋白质、糖类、钙、铁等成分没有明显差异。由于饲料中添加了充足的维生素，所产蛋中B族维生素和维生素A的含量往往高于散养鸡所产的蛋，但是其脂肪、维生素E、长链多不饱和脂肪酸的含量是有明显差异的，散养鸡产的蛋高于饲料鸡产的蛋。因此可以说土鸡蛋与鸡场蛋，它们的营养价值各有千秋，很难说孰优孰劣。

营养鸡蛋莫乱吃

营养鸡蛋又称功能鸡蛋，指用碘、锌、铁等微量元素制成特殊饲料，鸡吃了这些饲料，产出的鸡蛋微量元素大增。不过从医学角度看，这种鸡蛋只适合于少部分人，即缺乏这几种微量元素的人食用。健康人若摄入过量，反而会破坏体内微量元素的平衡。一般来讲，正常人每天吃一两个普通鸡蛋足够，根本用不着去食用所谓的营养鸡蛋。

豆制品

豆类按营养组成可分为两大类，一类是大豆，根据皮色又可分为黄豆、青豆、黑豆等，一般含有较多的蛋白质，而糖类的含量相对较少；另一类是除大豆外的其他豆类，含有较多的糖类，中等量的蛋白质和少量的脂肪。

豆制品是以大豆或其他豆类为主要原料加工制成的。按生产工艺可分为发酵性豆制品和非发酵性豆制品。发酵性豆制品主要包括腐乳、豆豉等；非发酵性豆制品主要包括豆腐干、豆腐皮、腐竹、茶干、绿豆粉丝、绿豆粉皮等。

豆制品中的豆腐是以大豆（黄豆、黑豆等）为原料，经过多道工序加工而成，为常见豆制品烹调食材。豆腐是中国人发明的，其最早的记载见于五代陶谷所撰《清异录》。在明代李时珍的《本草纲目》中，记载豆腐为公元前2世纪，由淮南王刘安发明的。此外关于豆腐产生的年代还有周代说、汉代说等许多不同的版本。

豆制品营养价值高于豆类

如果豆类直接用炒、煮等技法加工后食用，人体对其营养素的吸收率只有50%。因为豆类有一层薄而结实的细胞膜，包着它所含的营养成分，不把这层细胞膜破坏，营养成分就不易被人体吸收。此外一些豆类里还有一种胰蛋白酶抑制素，会妨碍人体内胰蛋白酶的消化作用。许多人过多地吃了用炒或煮的技法加工的豆类，往往会感到肚子发胀或者消化不良，其原因就在这里。

豆类经浸泡、制浆、凝固等多道工序后，不仅除去了有害成分，而且蛋白质的结构从密集变成疏松状，蛋白质分解酶容易进入分子内部，使蛋白质消化率提高，一般豆类加工成豆制品后，其蛋白质消化率可以达到90%以上。

在豆制品的加工过程中，由于酶的作用，豆中更多的磷、钙、铁等无机盐被释放出来，提高了人体对豆类中无机盐的吸收率；发酵豆制品在加工过程中，由于微生物作用可合成核黄素等，因此豆制品中的营养比大豆更易于消化吸收。

豆制品选购窍门

豆腐干：豆腐干的种类较多，一般可分为白豆腐干、五香豆腐干、蒲包豆腐干、兰花豆腐干等。好的白豆腐干表皮光洁，呈淡黄色，有豆香味，方形整齐，密实有弹性；五香豆腐干表皮光洁，带有褐色，有五香味，方形整齐，坚韧有弹性；蒲包豆腐干为扁圆形，浅棕色，颜色均匀光亮，带有少许五香味，坚韧密实；兰花豆腐干表面与切面均呈金黄色，从刀口的棱角看不到白坯，带有油香味。

豆腐皮：新鲜的豆腐皮颜色呈奶黄色或乳白色，厚薄一致，富有光泽，薄而透明，柔软不黏，表面平滑，外形完整，无重碱味，并且富有自然的豆香味。

油豆腐：油豆腐表面呈金黄色或棕黄色，皮脆，内暗黄，酥松可口；若内囊多结团，无弹力，则因掺了杂质。

腐竹：一级品腐竹色泽金黄油亮，干燥筋韧，无碎块；二级品腐竹颜色较一级品灰黄，干燥无碎块；三级品腐竹灰黄色较重，无光泽，易碎，筋韧性差。

品种繁多话豆腐

北豆腐又称老豆腐，是经点卤凝固成豆腐脑后在模具中压制成型而制成，其水含量约占85%。北豆腐硬度大，韧性强，含水量较低，能帮助降低血压，预防心血管疾病的发生。

南豆腐又称嫩豆腐、软豆腐等，是以石膏点制凝固，再压制成型，其水含量约占90%。南豆腐的特点是质地细腻，口感较嫩，富有弹性，味甘而鲜。

内酯豆腐是抛弃了传统的卤水和石膏，改用葡萄糖酸内酯为凝固剂制作的豆腐，其质地细腻有弹性，但微有酸味，营养价值不如传统豆腐。

市场上还有许多其他豆腐，如日本豆腐、杏仁豆腐、奶豆腐、鸡蛋豆腐等，其名称中虽带有豆腐字样，但却与豆腐一点儿关系也没有，因为制作这些豆腐的食材中根本没有大豆。

豆腐的选购

豆腐的品质以表面光润，颜色微黄，细嫩不碎，气味清香，无苦涩味为佳。如果豆腐的色泽过白，有可能添加了漂白剂，不宜选购。此外选购盒装豆腐需要注意的是，当盒装豆腐的包装有凸起，里面豆腐混浊、水泡比较多，则为质量不佳或放置过久的盒装豆腐，不宜购买。

豆腐的保存

很多人喜欢把豆腐直接带塑料袋放入冰箱内保存，其实这种做法不科学。一方面豆腐会出水，另一方面豆腐也容易变酸。因此豆腐买回来后应该放在大碗里，加上清水浸泡，放入冰箱内保存，而不要直接带塑料袋保存。盒装豆腐只需要放入冰箱内冷藏，在保存期限内就不会酸败。

豆腐巧搭配，营养更丰富

食物中蛋白质营养价值的高低，取决于组成蛋白质的氨基酸的种类、数量与相互间的比例。如果蛋白质中的氨基酸种类齐全，数量多，相互间的比例适当，那么这种食物蛋白质的生物价值就高，也就是说营养全面，否则即便食物中蛋白质的含量很充足，但氨基酸的种类少，它的营养价值也不高。

豆腐的蛋白质含量虽高，但由于它的蛋白质中有一种人体必需的氨基酸——蛋氨酸的含量低，所以豆腐的营养价值被打折扣。而要提升豆腐的营养价值，只需将其他动植物食品与豆腐一起搭配成菜即可。如在烹调豆腐时加入肉末，或用鸡蛋裹豆腐油煎，便能够充分利用其中所含的丰富蛋白质，提高营养档次，并且可使营养均衡。

食用豆腐别过量

豆腐是人们公认的保健养生佳品，适量食用豆腐对人体健康有益处，但是食用豆腐并非多多益善，过量也会危害健康。

制作豆腐的原料大豆含有皂角苷，它能预防动脉粥样硬化，但又能促进人体内碘的排泄，过量食用豆腐很容易引起碘的缺乏，而产生碘缺乏病。豆腐中含有丰富的蛋白质，一次食用过多不仅阻碍对铁的吸收，而且易引起蛋白质消化不良，出现腹胀、腹泻等症状。另外，正常情况下，人吃进体内的植物蛋白质，经过代谢成为含氮废物，由肾脏排出体外。若大量食用豆腐，会使体内生成的含氮废物增多，加重肾脏的负担。

美味冻豆腐

冻豆腐应该是北方人的发明之一,所以制作冻豆腐的食材也应该以北豆腐为佳。经过冷冻后的豆腐发生了物理变化,在豆腐的表面出现了很多小蜂窝孔,其弹性好而且营养丰富,味道也很鲜美,这样的豆腐制作成菜,吃上去口感很有层次,此外冻豆腐还适合做火锅的主要配料使用。

粉皮太绿假货多

粉皮的种类有许多,其中比较常见的有绿豆粉皮、甘薯粉皮、大豆粉皮、土豆粉皮等,而其中以绿豆粉皮质量最佳。真正的绿豆粉皮要求色泽均匀,呈白色或蛋青色,手感有韧度,有弹力,口感筋道而不糟软,也不易碎裂。而假冒的绿豆粉皮掺加了土豆、玉米等其他的淀粉加工而成,其硬度大,色泽发暗,或者加了一些色素,颜色特别绿,而且糟软,易于断裂,缺乏弹性和张力。

颜色太白的粉丝不宜选购

正常粉丝的色泽略微偏黄,接近淀粉原色,而那种颜色特别白的粉丝最好不要购买,因为其可能添加了二氧化硫。有个别企业在加工粉丝时过量使用二氧化硫,虽然可使粉丝看上去漂亮,但是过多的二氧化硫进入人体后,会生成具有腐蚀性的亚硫酸、硫酸盐等,对气管、支气管、肺部产生刺激作用,影响糖类及蛋白质的代谢,对肝脏也有一定的损害作用,形成纤维性病变,影响身体健康。

水产品

鱼类

鱼的种类很多，分类方法也各异。按鱼的形态分为棱形鱼类、扁形鱼类和头足鱼类；按鱼的生物学特征，分为硬骨鱼类和软骨鱼类等。而在饮食行业，习惯分为海水鱼和淡水鱼。

鱼的鉴别和保存

鲜活或刚死的鱼，用手握鱼头时，鱼体不下弯，口紧闭，鱼体具有鲜鱼固有的本色和光泽，体表黏液清洁、透明；鱼鳞发亮，紧贴鱼体，轮层明显，完整而无脱落；鱼眼澄清、明亮、饱满，眼球黑白界限分明；鳃盖紧闭，鱼鳃清洁，鳃丝鲜红清晰，无黏液和污垢异味；鱼肉坚实而富有弹性，用手指压凹陷处能立即复原。不新鲜的鱼体鳞片松弛，易脱落，

不完整，轮层不明显；鳃盖松弛，鱼体黏液增多，色呈灰色，有腥臭味；鱼眼球凹陷，上面覆有一层灰色物质；鱼肉松软没有弹性，肚腹膨胀，骨肉分离，并有明显的腥臭味。

活鱼主要放在池盆中静养保存，水温不宜高，并且要注意每天换一次水，不让酸碱物质或烟灰入内。另外延长鱼的存活时间还有一个办法，就是在活鱼嘴里滴上几滴白酒，然后把盛鱼的容器放在阴凉处，盖上能透气的湿布，这样即使在夏天，鱼也能多活几天。

鱼腹内黑膜不能食

鱼的腹腔内壁上有一层薄薄的黑膜，这种黑膜是鱼腹中的保护层，一方面保护腹腔内壁不受腹内各种器官的摩擦，另一方面防止内脏器官分泌的有害物质通过肠壁渗透到鱼肉中去。黑膜是鱼腹中各种有害物质的汇集层，若被食用，会引起中毒。所以各种鱼腹腔内壁上的黑膜必须清洗干净。

鱼胆破了别忘用碱

剖鱼的时候不小心把鱼苦胆弄破，鱼肉就会带有苦味，食之口感不佳。弄破苦胆的鱼，只用水洗不管用，可以用纯碱解决。方法是用凉水把鱼洗净，把胆汁染黄处洗白，再涂抹纯碱并稍等片刻，再用清水冲洗。如果胆汁污染面大，可把鱼放入稀碱液中浸泡片刻后洗净，苦味即可消除。

鲜鱼要去鳃和内脏

鲜鱼若不能立即烹制，必须把鱼鳃、内脏及时取出，这样可以延长鲜鱼的保存时间。鱼鳃是鱼类呼吸滤水的通路，内脏容易滋生细菌。因为鱼体的腐败是先从鱼鳃、内脏开始的，及时去除能延长鱼的保鲜时间。另外如果将去掉内脏和鱼鳃的鱼放入淡盐水中浸泡，取出，晾干，涂抹上植物油，能保持鲜鱼几天不变质。

带鱼变黄质量不佳

新鲜的带鱼银白发亮，可是有时候，有些带鱼鱼体表面失去银白色光泽，而变成黄色，这是带鱼不新鲜的标志。带鱼是高脂肪的鱼类，带鱼表面的脂肪接触空气、高温后容易氧化，产生有机酸，表现为鱼体表面有一层黄色的附着物，闻上去有一种酸败的哈喇味，带鱼的品质也因此下降，选购时最好不要买。

鱼丸选料很重要

制作鱼丸，鱼的品种和质量的选择非常重要。能制作鱼丸的鱼类有白鱼、鲇鱼、黑鱼、草鱼、青鱼、海鳗、狗母鱼、大黄鱼等。

无论选用何种鱼类制作鱼丸，都要以鲜活为佳。因为鱼肉中含有一种"氧化三甲胺"的呈鲜物质，但其成分极不稳定，鱼死后很容易转化为呈腥臭味的"三甲胺"，因此制作鱼丸要选用活鱼或是刚死的鲜鱼，冻鱼或失鲜的鱼不宜选用。

此外宜选用肉多，肌肉纤维细嫩洁白，无细刺，含脂肪、蛋白质丰富，吸水性较强，弹性好，肉味鲜美，腥味小，无明显异味的活鲜鱼，这样的鱼才是制作鱼丸的上等食材。

虾蟹

水产品是生活于海洋和内陆水域野生和人工养殖的，有一定经济价值的生物种类的统称。水产品种中的节肢动物就是我们常说的虾蟹等，而且虾蟹的种类也比较多，比较常见的品种有龙虾、小龙虾、青虾、草虾、海虾、河蟹、海蟹等。

冰鲜虾蟹与冷冻虾蟹

市场上除了鲜活的虾蟹外，我们还常常发现有冰鲜虾蟹和冷冻虾蟹出售。冰鲜虾蟹由于口感、新鲜程度等方面的优势日益受到消费者青睐，在市场上所占比例也在不断地扩大。

由于冰块易携带，冷却时不需要动力，因此冰鲜方法在水产品储藏、运输中被广泛使用，同时冰鲜虾蟹最接近鲜活虾蟹的特性，能满足消费者对新鲜的追求。比较起来，冷冻虾蟹保存的时间更长，价格也相对便宜。冷冻虾蟹必须化冻后才能加工成菜，这样一冻一化的过程，会使虾蟹成菜的口味发生很大的变化，成菜的质量也会受到一些影响。

当然无论是冰鲜虾蟹还是冷冻虾蟹，只是保存方式的区别，食者可以根据个人的经济能力和嗜好做出选择。

螃蟹清洗

在清洗螃蟹时，可先在存放螃蟹的容器内倒入少量的白酒以去腥，再用锅铲的背面将螃蟹拍晕，然后迅速抓住螃蟹背部，用刷子朝着已经成平面状的蟹腹部刷洗，再用清水冲净即可。

虾的清洗

在烹制虾类菜肴时，除了先要把虾放入淡盐水中浸泡并洗净外，还需要注意必须去掉虾须和虾线。虾线去除方法是用剪刀从虾头处，沿虾脊背一直剪开，再用牙签挑出黑色的虾线即可。

虾蟹的选购

挑选鲜虾时要注意虾壳是否硬挺，富有光泽，虾头、虾壳是否紧密附着虾体，坚硬结实，有无剥落。

选购新鲜的螃蟹，要求螃蟹外壳硬度较高，无外伤，蟹壳呈青灰色，蟹腿完整无损缺，用手指按压螃蟹脐尖处的壳，感觉饱满，富有弹性。

虾蟹加热后为什么会变红

新鲜的虾蟹呈青色，加热后甲壳之所以会变成鲜艳的橘红色，其原因是在虾蟹的甲壳真皮层中，分布有各种颜色的色素细胞。这些色素细胞在吸收反射波长不同的光线时，就会显示出各种不同的颜色。存在于虾蟹甲壳中的色素，最主要的是类胡萝卜素、虾青素、虾红素。通常情况下，虾蟹里的显色物质是同蛋白质结合在一起的，一般不显红色，但加热后容易分解的类胡萝卜素、虾青素部分被破坏，部分氧化转变成虾红素，而遇热后的蛋白质变性并沉淀，虾红素仍保留在细胞内，使得熟后的虾蟹变成橘红色。

美味小龙虾

小龙虾学名克氏原螯虾，我国小龙虾的养殖主要分布在长江中下游地区的江、河、湖泊之中。

每年六月份至八月份，是小龙虾形体最为"丰满"的时候，也是人们捕捞和食用的最佳时机。烹调上一般多带外壳，用爆炒、清蒸、水煮等方法烹制成菜。此外还可以取小龙虾肉，采用炒、烧、炸、烤等方法烹制成菜。

新鲜的小龙虾鲜亮饱满，肉质紧密，而且富有弹性。如果是放置了一段时间或是已经死的小龙虾，则肉质酥软，看上去空空的，不饱满，不宜购买和食用。

有些餐馆使用不新鲜的小龙虾冒充鲜活小龙虾烹制菜肴，鉴别方法是在吃小龙虾之前，最好看一下熟后的小龙虾的形态：如果尾部蜷曲，说明入锅之前是活的；如果尾部是直的，说明是用不新鲜的小龙虾制作而成的。

贝类

我国食用水产品的历史久远，在我国沿海一带发掘出许多距今4000～6000年前的新石器时代人类留下的贝壳遗迹，是由海螺、文蛤、鲍鱼等各种烧烤过的贝类堆积而成，表明在那个时期，人类便懂得采拾贝类食用，而且已有熟食的加工了。

水产分类中的软体动物，其中又分为腹足纲、瓣鳃纲、头足纲等，全世界约有500多种，其中包括鲍鱼、海螺、蛏子、蛤蜊等，我们一般统称为贝类。

鲍鱼点滴

市场上销售的干鲍鱼，有按头数（个数）计数的习惯，可分为每500克2头鲍、3头鲍、5头鲍、8头鲍、10头鲍等，头数愈少，价格愈贵，因此有"有钱难买两头鲍"之说。但是这种情况也有例外，当鲍鱼达到4头或2头时，由于市场需求量小，其价格反而不高。

鲍鱼肉质柔嫩细滑，滋味极其鲜美，非其他海味所能比拟，因此在东南亚国家的华裔和港澳同胞对鲍鱼特别青睐。"鲍者包也，鱼者余也"，鲍鱼代表"包余"，以示包内有"用之不尽"的余钱。因此鲍鱼不但是馈赠亲朋好友的珍贵礼品，而且是筵席及逢年过节餐桌上的必备"吉利菜"之一。

贝类忌生食

贝类水产品容易被各种细菌污染。在加工制作贝类菜肴时，有时仅用热水烫不能杀死病菌，所以生食或食用半生的贝类易引起甲肝发生，其主要表现为发热、恶心、呕吐等。贝类病菌要在沸水锅中煮约10分钟才能被消灭。因此贝类食材一定要煮熟后食用，不可为了贪图鲜美，而生食或食用不熟的贝类。

蛏子巧选购

一般菜市场所售的蛏子有两种，一种是浸在水中的蛏子，另一种是带有污泥的蛏子。前一种蛏子可以马上回去烹制菜肴，后一种蛏子易于保存，但食用前必须用清水浸泡以去掉泥沙。我们在购买蛏子时，那些看上去肥肥胖胖的蛏子，千万不能购买，因为有的是注水的，买回来制作菜肴，就剩下一点肉和一碗汤了。

食用蛤蜊有窍门

蛤蜊可以取蛤蜊肉，用多种技法烹制成菜，但要真正品尝蛤蜊的鲜美滋味，带壳制作蛤蜊则是最佳的方法，技法上以蒸、煮、烤最为适宜，这些技法能很好地保留蛤蜊的本味。

食用带壳蛤蜊时要注意，加工好的蛤蜊外壳至少半开，如果蛤蜊不能开口就需要丢掉，因为蛤蜊已经坏了。食用时把蛤蜊壳完全打开，用左手拇指和食指加以固定，然后以右手手指抓住蛤蜊细细的颈部，把蛤蜊肉拉出，用手指剥开颈鞘外的一层薄膜，丢弃不要，再把整个蛤蜊肉放进调味汁中，或者放入蛤蜊汤内，然后入口品尝，享受蛤蜊的美味。

另外真正嗜吃蛤蜊的人在享用蛤蜊时，必定要喝蛤蜊汤，才算真正品尝过蛤蜊这道美味。喝蛤蜊汤时要注意，带壳蛤蜊制作而成的汤，有时候在蛤蜊汤碗底部会有少许海沙沉淀，喝汤时需要把蛤蜊汤沉淀过滤，就不用担心吃到沙粒了。

西施舌的传说

海蚌中最为著名的珍品叫"西施舌"。"西施舌"因其足常伸出壳外，形似人舌，色泽白皙，肉质细腻，故得"西施舌"之美称。

"西施舌"是福建长乐漳港的特产。相传春秋战国时期，越王勾践卧薪尝胆，献西施于吴王，用"美人计"智取吴王，越灭吴后，勾践的夫人总觉得自己比不上西施的美貌，为此她妒忌意顿生，耿耿于怀。一天她终于下了毒手，派人骗出西施，用石头绑在西施的身上，将西施沉入大海。从此沿海滩涂便生长出一种形似人舌的海蚌，后人称之为"西施舌"。

海味

海味又称干海产，是指经干燥脱水处理的海产类食材，为重要的海产品类别。秦汉时期，水产品加工技术有较大进步，除了吃鲜活水产品外，还有海产品干制、制酱等。

海味应该源于昔日的渔民，由于船上没有冷冻设施，渔民便把他们的渔获晒干，以延长保鲜时间。开始时这种做法只限于鱼类，后来才推广至贝类及其他海产，同时鲍鱼、海参、鱼翅和鱼肚被称为"四大海味"。此外其他常见的海味还有咸鱼、海米、干贝、鱿鱼干、蛏干、海蜇皮等。

海味的营养价值

海味中含有比较丰富的牛磺酸，可抑制血液中的胆固醇含量，还可以缓解疲劳，恢复视力，改善肝脏功能。

海味为高蛋白低脂肪滋补食品，可有效地减少血管壁上所积累的胆固醇，对预防血管硬化有很好的效果。

海味中富含钙、磷、铁等微量元素，利于人体的骨骼发育和造血，能有效治疗贫血，促进人体的发育和成长。

除此之外，海味还含有多种维生素和其他人体不可或缺的营养成分，适宜一般体质者食用，尤其对妇女和体质虚弱者而言，食用海味水产品是非常好的选择。

海味保存窍门

海味最怕受潮以及虫蛀，因此保存海味一定要保持干燥，如果条件允许，可取出在太阳底下晾晒。保存时可在容器底部放些吸潮剂，码上海味，密封放置于干燥处。如果购买已经发好的海味，不宜长期保存，可以把发好的海味用保鲜膜包裹，置于冰箱冷藏室内保鲜，一般可保鲜5天左右。

优质海米巧鉴别

海米可分为淡干海米和咸干海米两种，其不同之处是咸干海米在加工时，放入了一定量的盐。新鲜海米色泽好，能够闻出一种鲜香气味，并有腥甜味；陈旧的海米色泽发暗，呈深肉皮色，有一种捂出来的味道，但不影响食用。有些加了色素的海米，其特征是色泽鲜艳，但口感发涩，不宜选购。

如何选购优质海味

墨鱼干是用鲜乌贼加工制成的淡干品。优质的墨鱼干体形完整，色泽光亮，肉体宽厚、平展，呈半透明状。如果墨鱼干局部有黑斑，表面带粉白色，背部呈暗红色则质量不佳。

章鱼干是真蛸、短蛸加工制成的干品。优质的章鱼干体形完整，肉体坚实、肥大，体呈柿红或棕红且鲜艳，表面浮有白霜。如果色泽紫红发暗，没有清香味则质量不佳。

常见的鱿鱼干有长形和椭圆形两种，长形的为鱿鱼淡干品，椭圆形的是枪乌贼的淡干品，品质以前者为好。优质的鱿鱼干体形完整，光亮洁净，肉肥厚，体表略带白霜。

鲍鱼干是鲜鲍鱼的干制品，选购时要求鲍鱼干大小均匀，结实干燥，淡黄色或粉红色，呈半透明状，闻之微有香气。

 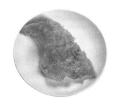 

干贝的种类

干贝实际上是多种贝类闭壳肌干制品的总称，素有"海鲜极品"的美誉，其中比较常见的有以下几种。

肉柱：为扇贝科贝类闭壳肌的干制品，中国沿海均有生产；其别称又有"干贝""肉牙""海刺"等。

江珧柱：为江珧科贝类闭壳肌的干制品，其柱肌较"肉柱"大，但肌质纤维较粗，鲜味也逊于"肉柱"。

日月贝：扇贝科日月贝的闭壳肌的干制品，因壳体一面呈玫瑰色，另一面呈淡黄色而得名，鲜味近似"肉柱"。

海蚌柱：鲜品又称"闽江蚌"，为蛤蜊科海蚌闭壳肌的干制品，以福建沿海出产最为著名，鲜味与"肉柱"相近。

米面杂粮

大米

"民以食为天，食以米为先"，大米是我们日常生活中吃得最多的主食，因此大米又称誉为"五谷之首"。

大米一般分为三类，其中籼米指用籼型非糯性稻谷制成的米，米粒一般呈长椭圆形或细长形，透明度较差，腹白度较大，易碎，胀性大，黏性弱；粳米是由粳型非糯性稻谷制成，米粒一般呈椭圆形，粒短，宽而厚，不易碎，胀性小，黏性较强，透明度好，腹白小；糯米又称江米，呈乳白色，米粒细长，不透明，蒸煮后呈透明状，黏性大，胀性小。

选购大米小知识

市场上大米的品种越来越多，让人们购买的时候眼花缭乱，不过只要您按照下面的原则选大米，就没有问题啦。

看硬度：大米粒硬度主要是由蛋白质的含量决定的，米粒的硬度越强，蛋白质含量越高，透明度也越高。一般新米比陈米硬，水分低的米比水分高的米硬，晚稻米比早稻米硬。

看爆腰：爆腰是大米在干燥过程中发生急热现象后，米粒内外收缩失去平衡造成的。爆腰米口感和营养要逊色一些，所以选购大米时要观察米粒表面，如果米粒上出现一条或多条横裂纹，就说明是爆腰米。

看腹白：大米腹部常有一个不透明的白斑，在米粒中心部分被称为"心白"，在外腹被称为"外白"。腹白小的米是籽粒饱满的稻谷加工出来的，而含水分过高，不够成熟的稻谷加工出来的大米，则腹白较大。

看黄粒：米粒变黄是由于大米中某些营养成分在一定的条件下发生了化学反应，或者是大米粒中所含微生物引起的。这些黄粒米香味和食味都较差，不宜选购。

看新陈：大米陈化现象较为常见，陈米的色泽变暗，黏性降低，口感较差。一般情况下，表面呈灰粉状或有白道沟纹的大米是陈米，其量越多则说明大米越陈旧。可以捧起大米闻一闻气味是否正常，如有发霉的气味说明是陈米。另外看米粒中是否有虫蚀粒，如果有虫蚀粒和虫尸的也证明是陈米。

精糙米结合才能均衡营养

大米含有淀粉、蛋白质、脂肪、多种维生素、钙、磷、铁等，其中除淀粉外，其他营养成分大多藏于米粒的胚芽和外膜中。糙米经过数次加工，碾成精白米后，就脱去了米糠层及胚芽，于是大量对人体有益的维生素、微量元素、纤维素等就被去掉了，仅仅供给人们单纯的淀粉及少量蛋白质。如果长期食用精米，而不吃糙米的话，会导致营养缺乏。所以在食用大米时要注意精米和糙米相结合，才能保证均衡营养。

怎样淘米，营养损失少

淘洗大米时，有人习惯用自来水把大米冲湿，再用力搓洗。这样淘米，其营养损失量可达30%以上。因为很大一部分维生素和无机盐都在大米的外层，如用上述方法淘米，营养很容易流失。最佳的方法是用热水淘米、煮饭，可使大米的表层凝固，另外搓洗次数少，营养素的流失要少很多。

大米保存禁忌

大米不宜与鱼、肉、菜等水分高的食品同时储存，否则大米吸水，导致霉变。

大米不宜存放在厨房内，因为厨房温度高、湿度大，对大米质量影响大。

大米不宜着地，通常要放在垫板上，这样做的目的是为了防止大米生虫。

冷水熬粥不好喝

我们在熬粥时，常常在淘洗大米后，连同冷水一起放入锅内熬制，可无论如何熬煮，米粥都不好喝。在熬粥时需要注意，锅内水沸后再放入大米，因内外温度不同，会使米粒表面形成许多微小裂纹，米粒易熟，且淀粉易于溶入粥内，粥也会变得黏稠了，这样做出来的粥才好喝。

面粉

小麦是世界三大谷物之一，也是世界上分布最广泛的粮食作物，其播种面积为各种粮食作物之冠，是重要的粮食之一。小麦在我国已有5000多年的种植历史，目前主要产地为河南、山东、江苏、河北、湖北、安徽等省。

小麦经磨制加工后即为面粉，又称小麦粉，从等级上分，我们可以把面粉分为特等粉、一等粉、二等粉等多个等级；按面粉中蛋白质含量的多少，又可以分为高筋面粉、中筋面粉、低筋面粉及无筋面粉。

面粉太白不宜食用

购买面粉时大家常以面粉的黑白程度作为判断面粉优劣的标准，其中一种流行的观点是面粉越白，质量越好，但实际情况恰恰相反。

面粉太白主要是在面粉中添加了面粉增白剂。面粉增白剂的主要成分为过氧化苯甲酰，过氧化苯甲酰可以氧化面粉内的叶黄素。适量添加可以改善面粉的色泽，并且可以抑制微生物滋生。但过量添加面粉增白剂会破坏面粉中的营养成分，尤其是过氧化苯甲酰分解产物为苯甲酸。苯甲酸的分解过程在肝脏内进行，长期过量食用太白面粉，对肝脏功能会有严重的损害，危害人体健康。

选购面粉时可从以下两方面鉴别是否加入了面粉增白剂。一是色泽。正常的面粉或馒头呈微黄色或白里透黄，仔细观察可发现微小的褐色星点，是麦麸的细微颗粒；添加面粉增白剂的面粉或馒头呈雪白色或惨白色，即白得出奇、不自然。二是气味、口味。正常面粉有淡淡的麦香味，蒸出的馒头咀嚼时口中稍有甜味，而加了过量增白剂的面粉或馒头淡而无味，甚至有化学药品味，有时会发苦发涩，口感也差。

夏季面粉不要存放在布袋内

夏季雨水多，气温高，湿度大，面粉装在布口袋里很容易吸潮、结块，进而被微生物污染而发生霉变。所以夏季是一年中保存面粉最困难的时期，尤其是用布口袋装面粉更容易生虫。如果用塑料桶盛放面粉，以"塑料隔绝氧气"的办法可使面粉与空气隔绝，即不反潮、发霉，也不易生虫。

专用粉小常识

面粉除了可以从等级上、蛋白质含量上分类外，市场上还有另外一些面粉，我们称之为专用粉。

专用粉是利用特殊品种的小麦磨制而成的面粉，或根据使用目的需要，在等级粉的基础上加入食用增白剂、食用膨松剂、食用香精等，混合均匀而制成的面粉。专用粉大致可分为两大类，一类用蛋白质含量高的小麦加工而成，如面包粉、面条粉、水饺粉等；另一类用淀粉含量高的小麦加工而成，如饼干粉、糕点粉、汤用粉、自发粉等。

小麦麸的营养

小麦麸是在麦谷脱粒或磨粉过程中产生的副产品，自古以来多作为无价值的下脚料，掺兑在家禽、家畜的饲料中。近年来由于科技的发展，大家已经认识到，麦麸在食用营养、健康医学中有着重要的意义。中医也认为小麦麸有改善大便秘结，预防结肠癌、直肠癌及乳腺癌，使血清胆固醇下降，动脉粥样硬化的形成减慢等功效。

手擀面保鲜法

吃不完的手擀面如果晾干保存，煮时即费火又费时，您可以按照下面的方法使手擀面保鲜：手擀面分成若干份，分别装入塑料袋内，置入冰箱冷冻室中保存，这样可随时根据需要的量随吃随煮。即使塑料袋中的手擀面结冻，只要放入沸水锅内，用筷子稍加搅拌，手擀面就会马上散开。

挂面不宜旺火煮

煮挂面时不宜用旺火。因为挂面本身很干，用旺火煮时水太热，挂面表面会形成黏膜，水分不容易向里渗透。同时由于旺火使水沸腾，挂面上下翻滚，互相摩擦，容易糊化，这样煮出的挂面发黏、硬心。如果用小火煮制，就容易让水和热量向挂面内部传导，将挂面煮透、煮熟，也不糊汤。

杂粮

五谷杂粮主要分为禾谷类、麦类、豆类和杂粮等，一般来说，按人们的习惯，除前面为大家介绍的大米和面粉为细粮外，其余的统称为杂粮或粗粮。

中国人以五谷杂粮为主体的饮食习惯已经沿袭了数千年。杂粮的品种多样，但其结构基本相似，都是由谷皮、糊粉层、胚乳和胚芽四个主要部分组成。我们现在所说的五谷杂粮其实是个大家庭，包括了多种谷类和豆类食物，比如小米、玉米、荞麦、大麦、燕麦、黑豆、蚕豆、绿豆、豌豆等。

五谷杂粮巧搭配

人们在吃饭之后会产生饱腹感，并在一段时间内维持不想继续进食的状态。研究证实，不同食物在饱腹感方面具有很大的差异。从营养素角度来说，假如给人们吃含有同样多能量的食物，那么脂肪含量高的食物最不易令人产生饱腹感，而蛋白质和纤维含量高的食品容易让人感到饱腹感，而且这种饱腹感可以维持较长时间。

在生活改善之后，人们普遍以精白米饭为主食。研究认为，白米饭的质地精细，进食和消化速度快，蛋白质含量不高，都可能是白米饭饱腹感不如人意的重要原因。相比之下，富含膳食纤维的杂粮制品吃起来需要更多的咀嚼，消化速度会明显放慢，具有较好的饱腹感。因此在制作五谷杂粮制品时可按照如下原则进行搭配。

选择"粗糙"食材做主食：富含膳食纤维的黑米、紫米、糙米等都是减缓消化速度的好选择。如果感觉吃起来口感不佳，可以把它们先泡几个小时，或者用高压锅先煮半软，然后与米饭混合煮食，或者直接煮成稠粥用来代替白米饭做主食。

在粥饭里面加点豆：红豆、豌豆、黄豆等各种豆类不仅含有大量的膳食纤维，还能提供丰富的蛋白质，大幅度增加饱腹感。由于豆类消化速度大大低于米饭和米粥，用大米和豆类一起制作粥饭，可以使米饭和米粥的饱腹感明显上升。

在米饭里面加点胶：燕麦、大麦等含有胶状物质，它们属于可溶性膳食纤维，可以提高食物的黏度，减缓消化速度。如果在煮饭、煮粥时放入少许燕麦，或直接加入海藻等含胶质食材，都可以帮助粥饭成为更"当饱"的主食。

营养美味甜玉米

近年来市场上出现了一些玉米新品种，其中甜玉米是一种水果型玉米，生吃当水果，熟食做蔬菜，口感鲜糯甘甜，清香爽口，略带奶油风味。与普通玉米最大的不同在于，甜玉米营养均衡，含有多种对人体有益的维生素，还具有保健功能。

甜玉米主要类型有普通甜玉米、超甜玉米和加强甜玉米。普通甜玉米含糖量在8%左右，超甜玉米的含糖量在20%以上。甜玉米最适宜鲜食，也可加工成罐头制品，或烹制成菜。

玉米皮不要扔

对于鲜玉米棒外面的几层薄皮，人们在吃玉米时往往随手扔掉，其实在煮玉米时带些玉米皮，可以增加玉米的风味。另外玉米皮还可以做成独具特色的"屉布"，在蒸包子、馒头时把它垫在包子、馒头和笼屉之间，蒸出来的食品别有风味。

勿用铁锅煮绿豆

使用铁锅有许多益处，但若用铁锅煮绿豆会出现变黑的情况。这是因为绿豆中含有的单宁，遇到铁后会发生化学反应而生成黑色的单宁铁。另外用铁锅煮绿豆不仅色泽变黑，而且味道也差，并影响人体的消化吸收，所以勿用铁锅煮绿豆。

杂粮不宜与水果混放

有些家庭喜欢将杂粮与水果混放在一起，以为这样可以延长杂粮和水果的保存期限，其实这样做是完全错误的。因为杂粮与水果贮放在一起，会使水果变得干瘪，而杂粮也会因吸收水果的水分而加速霉烂，所以杂粮不宜与水果混放在一起。

平衡膳食，合理搭配

从米面杂粮的营养价值不难看出，米面杂粮在我们的膳食生活中是相当重要的。中国营养学会发布的《中国居民膳食指南》中就明确提出"食物多样化、谷类为主"。我国古代《黄帝内经》中就记载有："五谷为养、五畜为益、五菜为充、五果为助"，都把谷类放在第一位置。由此可以证明，谷类营养，也就是米面杂粮的营养，是我们膳食生活中最基本的营养需要。

近年来，随着我国经济的发展，人们的收入不断提高，在我国人民的膳食生活中，食物结构也相应地发生了很大的变化。无论在家庭中，或者出外聚餐，餐桌上动物性食品和油炸食品多了起来，而且主食很少，并且追求精细。这种"高蛋白、高脂肪、高能量、低膳食纤维"的膳食结构致使我国现代"文明病"，如肥胖症、高血压、高脂血症、糖尿病、痛风等以及肿瘤的发病率不断上升，并正威胁着人类的健康和生命。此外在我国也出现另一种情况，有些人说吃饭会发胖，因此只吃菜，不吃饭或很少吃饭，这种不合理的食物构成又会出现新的营养问题，最终因营养不合理而导致疾病。因此建议有不合理膳食者要尽快纠正，做到平衡膳食，合理营养，把五谷杂粮放在餐桌上的合理位置，这才有利于健康。《中国居民平衡膳食宝塔》塔底建议成人每天300～500克米面杂粮食品是一个较为合理的量。

四季皆宜大麦茶

大麦茶是把大麦经过焙炒后而成，现在一般超市均可以买到。大麦茶含有人体所需的多种无机盐、微量元素、必需氨基酸、脂肪酸以及膳食纤维，但并不含茶碱、咖啡因等成分。

大麦茶在日韩非常流行。韩国家庭大多以大麦茶为主要茶饮。在日本料理店喝大麦茶，用以清除吃生鱼片后口中的异味。中国人讲究食疗，如果在大快朵颐后喝一杯浓浓的大麦茶，不仅可以去油腻，还能促进消化。

大麦茶四季皆宜，属于传统保健饮品，冷饮具有防暑降温功效，热饮具有助消化、解油腻、养胃、暖胃的作用。长期饮用大麦茶，能收到养颜、减肥的功效。

第二课

满足味蕾

各种调味品

第二课 满足味蕾 各种调味品

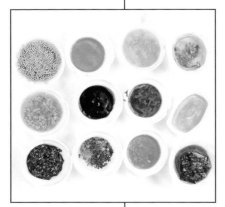

关于调味品

调味就是调和滋味，即运用各种调味品和调味手段，在食材加热前、加热中、加热后放入调味料，使菜肴具有多样口味和各种风味特色。调味可以使无味的食材增加滋味，调整味道不纯食材的口味，也能增加菜肴的多样化，以适应和满足食用者不同的口味需求。

调味是烹调技术中最为重要的一个环节。调味的好坏，对菜肴口味的风味特色，起着决定性作用。调味料主要分为基本味和复合味两大类，如我们常见的盐、酱油、白糖、米醋、番茄酱、胡椒粉、芥末粉、料酒、味精等为基本味；而葱油味、香糟味、椒麻味、红油味、糖醋味、五香味、鱼香味、家常味等为复合味。

调味的作用

去除异味：食材中的异味很多，其中包括腥、臭、酸、腐、恶等一切不适宜烹调和食用的味道。这些异味，有些是先天的，有的却是人为的。通过把食材加热和调味，有助于去除其中的异味。

提取鲜味：有些烹调食材中，有的淡而无味，如白菜、豆腐、木耳、粉丝、海参等，在正式烹调时，需要借助调料中的滋味来给菜肴提鲜和增香，从而使菜肴的滋味鲜美。

确定口味：对于绝大多数菜肴，口味是通过调味确定的。就是说当食材确定后，烹调时放什么调料就是什么口味。

增加色彩：一切烹调食材都有其天然色泽，调料也不例外，而且有些调料加热后在菜肴中呈现得更加明显。如酱油能使菜肴呈酱红色；番茄酱能使菜肴呈橘红色；咖喱粉能使菜肴呈淡黄色等。

地方风味：菜肴的调味都具有比较浓郁的地方风味特色，如鲁菜味重清鲜，粤菜清淡香鲜，川菜麻辣味醇，淮扬菜味浓带甜等等。调味在地方菜的不同运用中虽有其共性，也有其比较独特的个性，只要认真加以掌握，就会使菜肴的地方风味更加突出。

富于变化：菜肴品种的多样化，是由食材、烹制、调味及刀工等多方面的不同运用而决定的。在调味方面，同一食材，用不同的调料，可以烹调出完全不同口味的菜肴，增加了菜肴的花色品种。

调味的方法

根据菜肴原料和烹调方法的不同，调味的方法也不尽相同，具体操作时，主要有以下三种。

烹调前调味

烹调前调味又称"基本调味"，即在食材下锅之前，先用盐、料酒、酱油、胡椒粉等，与食材拌匀，腌渍片刻，让调味品的滋味，预先充分渗入食材内部，使其味透肌里，先存有一定的基本味，而且还能去除食材中的异味，或者是去除食材中的部分水分。

烹调中调味

烹调中调味又被称为"正式调味"。有些菜肴食材，虽然在烹调之前进行了"基本调味"，但尚未达到菜肴成品所要求的口味，必须在正式烹制过程中，适时、适量地加入一些所需调味品，最终决定菜肴的口味，因此烹制中的调味又被称为"决定性调味"。

烹调后调味

烹调后调味又称"辅助性调味"。有些菜肴虽然在烹调前或烹调中都进行了调味，但仍然不能最后定味，或者是烹调时不便调制，需要在烹调后再次调味。如"干炸丸子""软炸大虾"等菜肴，需要带椒盐上桌。又如"北京烤鸭"，要带葱丝、甜面酱、白糖等上桌。这些菜肴都需要在烹调之后再次调味。只有烹调后调味，才能达到菜肴最终的完美属性。

咸为本

咸味是百味之首，也是各种复合味的基本味。一般的菜肴，大部分都要先有一些咸味，然后再配合其他味。如酸甜口味的菜肴，也要调入少许咸味，吃起来才会酸甜醇香。

食盐是产生咸味的主要物质。此外具有咸味的调味品还有酱油和其他一些酱类，它们都是含有食盐成分的再加工制品。

食盐：为海水或盐池、盐井中的盐水经晾晒等工序加工而成的结晶，按其加工程度的不同，食盐可分原盐（粗盐）、洗涤盐和再制盐。再制盐的杂质少，质量高，色泽洁白，为我们家庭烹调中常用品种。此外近年来，市场上也出现了许多加入碘、钙等微量元素的特制盐。

酱油：酱油是用面粉或豆类，经蒸制发酵，加入盐和水后制成的液体状调味品。酱油滋味鲜美，醇厚柔和，咸淡适口，能增加和改善菜肴的口味，还能增添和改变菜肴的色泽，酱油的主要品种有生抽、老抽、白酱油。

生抽颜色较浅，酱味浅，咸味较重、较鲜，多用于菜肴调味；老抽颜色较深，酱味浓郁，鲜味较低，故有时可加入草菇等以提高其鲜味；白酱油是以黄豆、小麦、盐等，经过发酵等多道工序加工而成，由于其不加任何糖色，成品为白褐色，味鲜美，咸味较重。

黄酱：黄酱色泽棕褐，质地细腻，在我国北方地区应用广泛。黄酱有两种，其中黄干酱是用大豆、面粉制曲，用固态低盐发酵致其成熟；黄稀酱是采用大豆、面粉制曲，成熟后加入盐水进行发酵、捣缸，再用固态低盐发酵及液态发酵后制成。

甜面酱：是以面粉为主要食材生产的咸甜味调味品，其色泽红黄，滋味醇厚，鲜甜适口。甜面酱不仅是烤鸭的必备调味品，还是其他多种菜肴的调味品之一。

豆豉：是以黑大豆、老姜、花椒等香辛料，经过蒸熟、发酵后的调味品。豆豉特有的香气是因制作时加了酒酿、白酒，加上酵母菌的作用，产生醇类物质和酯类物质散发出来的。

腐乳：系由大豆制品中的否干发酵而成，含有多种维生素和无机盐，并含有大量的水解蛋白、游离氨基酸和脂肪酸等。腐乳质地细腻糯柔，醇香浓郁，咸淡适口，味美回鲜。

盐的妙用

在烧煮已经裂壳的鸡蛋时，可在水中放入少许盐，则蛋白不外溢，可使鸡蛋完整。

把新买来的瓷器放入淡盐水中煮10分钟，可使瓷器不易破裂，经久耐用。

磨菜刀时，可先把菜刀放入盐水中浸泡片刻，然后再磨制，这样磨制的刀既快又耐用。

买回来的蔬菜如有虫子，用清水又不易洗净，可放入淡盐水中浸泡，菜叶上的虫子会漂浮在水面，易于清除。

碘盐食用有禁忌

忌高温：碘盐遇热易挥发，在炒菜或做汤时应尽量不要在高温下放入碘盐，可在菜肴成熟后，或出锅前放入碘盐。

忌加醋：碘与酸性物质结合易遭破坏，炒菜时如果同时加入醋，则碘盐的营养价值会下降很多。

忌猪油：由于碘的性质不稳定，极易溶解到猪油中挥发，而植物油的性质比较稳定，所以使用碘盐炒菜时要用植物油。

酱油鉴别小窍门

看色：好酱油色泽鲜艳，质量差的酱油颜色发乌、浑浊，即使有些酱油颜色深，也是添加了糖色或加热过度造成的。

品味：好酱油味道鲜美，醇厚柔和，咸鲜适口；劣质酱油味薄，只有咸味而没有鲜味，甚至有一种焦煳味。

闻气：好酱油打开瓶盖，会有一股酱香气和醇香气；而劣质酱油没有香气，却有种刺鼻的怪味。

酸适口

酸味是很多菜肴不可缺少的味道之一，它不但可以单独构成菜肴的口味，还有较强的去腥、解腻作用，并可以促进食材中钙质的分解。酸味是由有机酸和无机酸盐类分解为氢离子所产生，中医学认为，酸味有滋养肝脏的作用，少食有益，多则反蚀伤肝，使肝气偏盛。

酸味在烹调中的应用十分广泛，其不仅有收敛，固涩的效用，帮助肠胃消化，还能去腥膻，解油腻，提味增鲜，增强食欲。酸味调料有许多种，其中比较常用的有醋、番茄酱、柠檬酸，对于其他一些酸味调料，如乳酸、苹果酸、葡萄酸等，则在烹调中极少使用。

番茄酱：是把新鲜、成熟的番茄去皮、去籽后加工而成的一种酸味调味品。番茄酱主要有两种，一种为我们常见的番茄酱，其色泽鲜红，口味酸香，主要用于烹调中菜肴的调味；另一种为番茄沙司，其主要由番茄酱、砂糖、饴糖、洋葱、生姜粉、五香粉、大蒜粉、桂皮、食盐、色素等配制而成。番茄沙司色呈红褐色，质地细腻，口味酸甜而微有香辣味，主要用于菜肴的蘸食。

柠檬汁：是从鲜柠檬中榨取的汁液，其颜色淡黄（或深黄），味道极酸并略带苦味，气味芳香。柠檬汁的酸味主要来自柠檬酸，其酸味圆润，柔和滋美，入口后会很快达到最高酸度，但酸味感觉消失很快，后味持续时间短。柠檬汁在西餐中应用较为广泛，近年来在中餐中也逐渐被引用。

酸菜汁：是腌制酸菜时产生的汁水，酸菜汁中的酸味主要成分为乳酸，其酸度适口、清鲜咸辛、口味独特。酸菜汁的使用及烹调方法同食醋，可调制出口味独特的菜肴。

山楂酱：在烹调中也常作为酸味调料使用，其制作方法是将鲜山楂洗净，进行滚压，然后加入白糖等熬煮使其浓缩，浓缩后有时还要添加些香料、食用酸等，最终制成山楂酱。

醋的六种用法

明醋：将少许醋放在盘子或汤碗内，直接倒入烹制好的菜肴内，如酸辣汤等。

响醋：是在菜肴将出锅时，把醋淋在锅边上，发出响声，使醋香味焰入菜肴。

闷头醋：将醋直接放入调味汁中使用，如醋熘鳜鱼、糖醋虾仁等。

暗醋：将醋预先调拌在菜肴中，一般多用于冷菜，如辣白菜、酸辣黄瓜条等。

毛姜醋：把醋、姜末、酱油等放入小碗里调成味汁后供蘸食，如白灼虾等。

光醋：单独使用醋作为佐味料蘸食，如水晶肴蹄、水晶虾仁等。

番茄酱与番茄沙司不是一种调味品

番茄酱与番茄沙司均是比较常见的调味佳品，虽然两者都是以番茄为主要食材，但它们的色泽、风味，以及具体使用方法均有所区别。番茄酱是以成熟的番茄，经破碎、打浆、浓缩、装罐、杀菌等多道工序加工而成，成品呈暗红色，具有番茄的特有风味，多用于番茄汁类菜肴及糖醋类菜肴的调味，能起到增色、添酸、助鲜等作用。

番茄沙司中的沙司是外来语，就是汁水的意思，也是西餐中主要的调味品。番茄沙司是用番茄酱，加入各种调味品加工而成，其制作方法是将番茄酱、白糖、食盐等加热，倒入打浆机中，加入由洋葱丝、大蒜末、丁香、桂皮、生姜粉、红辣椒粉等熬制成的香味调料液，通过打浆机的搅打使其成酱汁，然后经装瓶、封口、杀菌而成。成品色泽鲜红，滋味醇和，可直接食用，也可作为蘸料使用。

防番茄酱生霉小窍门

家庭在使用罐装番茄酱时，往往一次使用不完，会放入冰箱内存放，一般不超过10天，番茄酱表面会产生白色霉变。为了防止霉变，可在没使用完的番茄酱表面撒上少许盐，再淋上一些香油，这样的番茄酱就不易生霉了。

甜似蜜

甜味在调味中的应用仅次于咸味，尤其在我国南方地区，甜味是菜肴的一种主要味道。甜味可增加菜肴的鲜味，并有特殊的调和滋味的作用。

糖以及甜味食品对人体的主要功能是提供热能、构成组织、保护肝脏、促进消化及增进食欲等。但研究发现过多地摄入甜食会造成摄入热能过剩而影响健康。另外糖尿病人也必须控制糖类的摄入量，所以人们寻找了许多糖的代用品，虽然有甜味，但不会向人体提供热能。这些甜味剂可分为两大类，一类是人工合成的，如糖精、单糖醇类，阿斯巴甜等；另一类是从植物中提取的，有甜菊苷、甘草精等，它们都广泛地应用于食品工业中。但在烹调中，我们常用的甜味调味品主要有白糖、冰糖、饴糖、红糖、蜂蜜、各种果酱等。

蔗糖：为烹调中常用的甜味调味品之一。蔗糖按形态和加工程度的不同，又可分为白砂糖、绵白糖、方糖、冰糖、红糖等。白砂糖是由甘蔗的茎汁提炼而成，其色泽洁白，杂质少；绵白糖一般由甜菜根等提炼加工而成，其质地细软，甜度略低于白砂糖；红糖为甘蔗的茎汁，经提炼而成的赤色结晶体，红糖中含杂质比白砂糖多，质量也不如白砂糖，故在烹调中使用较白砂糖少；冰糖是由甘蔗的茎汁炼制而成，是由白砂糖精炼而成的块状结晶体。冰糖的甜味纯正，在烹调中多用于面点中的制馅调味，或者煮制具有甜味，并有滋补功能的汤羹等。

饴糖：又称麦芽糖、糖稀、米稀等，是由米、小麦、大麦等粮食作物，经过发酵糖化制成的调味调味品，其色泽淡黄而透明，呈浓厚黏稠的浆状，甜味较淡，带有独特的香气。

蜂蜜：为蜜蜂科昆虫中华蜜蜂等所酿的蜜糖，通常是透明或半透明的黏性液体，带有花香味道。蜂蜜为滋补佳品，主要用于加工蜜饯食品及酿制蜜油等。蜂蜜在烹调中可代替糖使用，一般多用于特色糕点和小吃等。

果酱：是以各种水果为食材，经过多道工序加工成酱，再加入果酸、果胶等浓缩后而成。果酱是西餐、旅游、野外作业的方便食品和调味品，也是糕点、冷饮行业的调味品之一。

糖色炒制用微火

糖色是一种调料，在烹调中起枣红色着色剂的作用，能使本来颜色并不漂亮的菜肴变得红润光亮，诱人食欲。炒糖色时，关键的问题是要掌握好火候，温度不可过高，炒制时间不可过长。糖液温度一般应掌握在170~180℃，炒到糖颜色变褐红时便制作成功了。如果温度高，时间长，糖经过分解、聚合，最后就会变成黑褐色的焦状物，口感苦涩，用于着色时不鲜亮，同时还会产生有害物质，危害人体健康。

发胖不能怪食糖

我们一直认为，糖带有大量的热量，食用过多会使人发胖。但近年来研究发现，胖人食物中脂肪总是比糖类多，因此如果人们不滥食多脂肪食物，就可以提高糖类的用量，而不必担心肥胖。

那么是否可以大量食用糖呢？不，饮食营养专家认为，糖是必要的，但用量要适度。此外我们还可以从其他食品，如面包、蔬菜、水果中摄取糖类，而不用单纯通过食用糖而获取。

烹制甜味菜肴时，需要放点盐

我们在烹制单一甜味菜肴时，为什么要加少许盐呢？这是因为，放入少许盐能增加糖的甜度，成菜使人感到更加香甜味美。例如在15%的糖溶液中，放入少许的食盐，能使甜味有明显的增强，这是因为味觉在起作用。

现代科学分析，基本味觉有甜、酸、苦、咸四种。味觉有许多奇怪本领，它可以增强或减弱许多食材原有的味道，制作甜食时加入少许盐会增加甜度，这便是滋味的对比作用。俗话说，"要想甜，放点盐"就是这个道理。另外，加入少许盐的甜味菜不但甜度增加，而且味道也会爽口不腻，有一种香甜的感觉。但需要注意的是，虽然放了盐，但入口不能感到有咸味，因此放盐不能过量，应恰到好处。

辣上瘾

辣味是具有辛辣物质的香辛调味品对味觉、嗅觉器官产生刺激所生成的感觉，其又可分为热辣和辛辣两种。热辣是指主要作用于口腔中，能引起口腔烧灼感、痛感，而对鼻腔无明显刺激的感觉；辛辣是指不但作用于口腔中，同时又对鼻腔产生刺激的感觉。辣味具有强烈的刺激性和独特的芳香，既可除腥解腻，还具有增进食欲，刺激肠胃，帮助消化的作用。

辣味在菜肴的调味中是刺激性最强的味道，在使用时应遵循"辛辣而不烈"的原则，恰当掌握用量，做到辣而不燥，香辣适口。常见的辣味调味品主要有辣椒酱、豆瓣酱、胡椒粉、芥末粉、咖喱粉、辣椒油等。

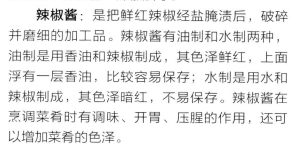

辣椒酱：是把鲜红辣椒经盐腌渍后，破碎并磨细的加工品。辣椒酱有油制和水制两种，油制是用香油和辣椒制成，其色泽鲜红，上面浮有一层香油，比较容易保存；水制是用水和辣椒制成，其色泽暗红，不易保存。辣椒酱在烹调菜肴时有调味、开胃、压腥的作用，还可以增加菜肴的色泽。

豆瓣酱：是由鲜辣椒、大豆（或蚕豆）、面粉、食盐、植物油、味精和白糖等，经过多道工序加工而成。豆瓣酱色泽红亮油润，口味鲜辣酥香。豆瓣酱以四川出品的历史最为悠久，如郫县豆瓣酱和重庆元红豆瓣酱，都是川菜中不可缺少的调味品。

泡辣椒：是将净鲫鱼连同红辣椒、食盐、红糖、花椒及适量凉开水一同放入小坛内，经过数月浸泡而成。泡辣椒色泽鲜红，咸鲜酸辣香，在菜肴中应用比较广泛。

胡椒粉：是由胡椒科植物胡椒的果实碾压而成。把未成熟的胡椒果实，采收并干燥后碾成粉即为黑胡椒粉；果实完全成熟后，经加工去掉外皮后碾压成粉，则为白胡椒粉。

芥末粉：是由芥菜籽经过碾磨而成。芥末粉色呈淡黄色，味道辛辣刺鼻，在烹调中主要用于凉拌菜、拌制冷热面食等，但需要事先调制成芥末糊，发酵后使用。

咖喱粉：是以姜黄粉为主料，加入八角、桂皮、胡椒、小茴香、甘草、辣椒等碾压而成。咖喱粉色泽深黄，有轻辣浓香，口味芬芳，鲜醇开胃的特点。

豆瓣酱、辣椒粉要用小火煸炒

豆瓣酱是发酵制品，味鲜而香，酱香味浓，用于烹调时必须经过中小火煸香、炒透，才能体现出其独特风味，否则会有豆腥和生酱发酵的气味，鲜香味不明显，影响成菜风味。

辣椒粉中含有的辣味成分"辣椒碱"是脂溶性的，不溶于水，易溶于油脂，用中小火煸炒，能使其中的红色素充分地溶入油脂内，使油脂变得色泽红亮，香辣醇香。如果用旺火热油，会使"辣椒碱"遭到破坏，焦煳变黑，红色素不能溶于油脂内，而且香辣味皆无，从而失去辣椒的风味特色。

辣味菜肴要"辣而不燥"

辣味是刺激性最强的一种味感，而制作辣味菜肴要求"辣而不燥"。"辣而不燥"就是辣味菜肴呈辣程度强弱的口感反应。燥，字典中的解释是干燥或燥热的意思。"辣而不燥"就是指菜肴呈辣程度不宜过重的意思。烹制辣味菜肴，成菜既有一定的鲜辣味，但又不能产生干辣燥热的不适口之感，即要辣，又要辣的适口，辣的柔和，辣的舒服，辣的爽快，不能辣的让人感到燥热难忍，甚至泪流满面，以致影响品尝其他菜肴的风味，从而失去享用美食的情趣。

辣味菜肴的呈辣程度应根据地区饮食习惯，食者的嗜辣程度，以及菜肴的风味特色要求，准确地掌握好一个"度"的问题。菜肴辣度过强不是每个人都喜欢的，所以在制作辣味菜肴时要尽量掌握好辣的程度，从而达到"辣而不燥"的要求。

鲜入味

鲜味是烹调食材本身所具有的，或经过加热产生的部分氨基酸、有机酸等物质对味蕾刺激所产生的感觉。鲜味需要有咸味存在方能显现出其味道，因此鲜味调味品一般不单独使用，其多与咸味调味品或其他调味品共同组成复合鲜味。鲜味调味品比较多，一般可分为三大类，一是植物性鲜味调味品，如味精、香菇粉、菌油、葱油、黄酒等；二是动物性鲜味调味品，如蚝油、鱼露、虾油、鸡油、蟹油、鸡精等；三是复合鲜味调味品，如豉油王、千岛汁、香糟汁、火腿汁、XO酱等。

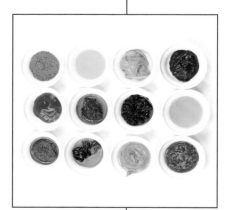

味精：味精是增加菜肴鲜味的主要调味品，是以蛋白质、淀粉含量丰富的大豆、小麦等食材经过发酵而成。味精的性状有的是结晶状，有的是粉末状，其中除含有谷氨酸钠外，还有少量的氯化钠（食盐）。

料酒：一般呈琥珀色，黄中带红，香气浓郁，醇厚可口，全国各地都有生产，其中以浙江所产料酒最为著名。料酒的调味作用主要是去腥、增鲜，在烹调菜肴中使用广泛，特别是用动物性食材制作菜肴时，更少不了它。

香糟：是制作黄酒剩下的酒糟，再经过加工而成。香糟香味浓厚，具有很好的调味作用。香糟分为白糟和红糟两种，白糟为黄酒的酒糟加工而成；红糟是在酿造过程中加入5%的天然红曲米而使色泽红润。

香油：是用熟芝麻榨制而成。香油按加工方法不同，分为冷压香油、大槽香油和小磨香油。其中小磨香油香气浓郁，应用最为广泛。香油在烹调中是调制凉菜的主要调味用油，也常用于热菜烹调中的明油使用。

蚝油：是一种天然风味的调味品，由鲜活的牡蛎和八角、姜、桂皮、黄酒、白醋、味精等加工而成。蚝油色呈红褐色或棕褐色，具有天然的牡蛎风味，味道鲜美。

鱼露：是我国传统的调味品，它以味道鲜美，营养丰富，风味独特而著称，在我国沿海地区及东南亚一带使用广泛。鱼露是以海杂鱼为食材，经过用盐腌制、保温发酵等工序加工而成。鱼露色泽橙红或橙黄色，具有独特的香味，在烹调中既可作为调味品使用，也可作为菜肴的蘸料。

蚝油调味有窍门

蚝油具有鲜中带甜，甜中带鲜，鲜甜交融的醇厚滋味，尤其在烹制高档菜肴时，更能突出其提鲜、增香、赋咸、调色的作用。此外蚝油还具有特殊的清香味，烹调时加入蚝油，成菜鲜美醇厚，色泽棕红，并带有鲜蚝的醇香。蚝油还可以弥补食材自身的某些不足，而且成菜还能突出鲜香味美的风味。

蚝油虽然鲜香味美，但每种调味品都有相生、相消的作用。因此，我们在使用蚝油调味时应掌握好窍门。首先蚝油不宜与辛辣或酸甜类的调料混合使用，否则会抵消蚝油的鲜味。同时蚝油也不宜长时间加热，一是避免其谷氨酸钠分解为焦谷氨酸钠而失去鲜味；二是避免香味挥发，失去蚝油香味。

香油巧保鲜

香油在保存过程中易酸败，失去香味，可用如下方法延长香油的保鲜期。首先把香油倒入一小口玻璃瓶内，加入少许精盐并把瓶盖塞紧，不断地摇晃使盐溶化，置于阴凉处存放3日，再把沉淀后的香油滗入洁净的玻璃瓶内，盖紧瓶盖，置避光处保存，随吃随取。

糟油小常识

糟油既不是糟，又不是油，因其香味似酒糟，色泽似油而得糟油之名。国内糟油，以江苏太仓出品的太仓糟油最为驰名。

糟油适用于各种冷热菜肴的调味，成菜具有香味浓郁，糟香适口，不腥不腻，开胃解乏，风味突出，久藏不坏等特点。

香辛料

香辛料是利用植物的种子、花蕾、叶茎、根块等，或用提取具有刺激性香味的提取物，赋予食物以风味，有增进食欲，帮助消化和吸收的作用。香辛料含有挥发油（精油）或辣味成分及有机酸、纤维、淀粉粒、树脂、黏液物质、胶质等成分。

香辛料的种类有很多。有热感和辛辣感的香料，如辣椒、老姜、胡椒、花椒等；有辛辣作用的香料，如大蒜、大葱、洋葱、韭菜等；有芳香性的香料，如八角、丁香、豆蔻、草果、陈皮、良姜、桂皮等。

香辛料投放前要用小火焙香

在制作菜肴时，有时候要使用很多种香辛料，特别是在酱卤菜肴时，香辛料的使用量更大。有时候我们使用香辛料调味时，总是感觉达不到理想的增香效果，其原因是对香辛料的性能了解不够，以及初步加工不当所致。有些香辛料在使用前，必须经过小火焙香、研碎后，才能用于调味，如花椒、小茴香等。

香辛料经过焙香、破碎后，用于调味能最大限度地发挥香料的呈香功效，香气浓郁醇厚，能使食材充分入味，并达到祛腥、除膻、增鲜的作用，成菜香醇宜人，风味独具。

八角：又称大茴香，木兰科植物八角茴香果实，为我国的特产。八角呈紫褐色，形状似星，有甜味和强烈的芳香气味。

草果：是姜科豆蔻属植物草果的果实。草果具有特殊浓郁的辛辣香味，能除腥气，增进食欲，是烹调香辛料中的佳品。

花椒：为花椒树的果实，既可单独使用，如花椒粉，也能与其他食材配制成调味品，如花椒盐、五香粉、花椒油等。

陈皮：其实是我们平时所吃的橘子皮，由于放置的时间越久，其香味越浓而得名。陈皮具有温胃散寒，理气健脾等功效。

良姜：为姜科植物高良姜的根茎，有强烈辛辣气味，有温脾胃，祛风寒，止痛的作用，而良姜粉为五香粉主要香辛料之一。

豆蔻：性温味辛，有开胃理气，醒脾消食作用。豆蔻具有强烈的芳香气味，可去除腥膻气味，抑制微生物生长等作用。

八角、桂皮、香叶、小茴香使用勿过量

八角、桂皮、香叶、小茴香等香辛料，是我们在烹调中常常用到的调味品，用八角、桂皮、香叶、小茴香等香辛料进行调味均鲜香可口。但需要注意，这几种天然香辛料有一定的毒性，其主要成分是黄樟素，它会给人体健康带来不利。虽然黄樟素在这几种香料中含量不多，并且食用很少，但仍然值得引起注意。因此在烹制菜肴时，应尽量突出食材的本味，慎用和少用八角、桂皮、香叶、小茴香等香辛料。

桂皮：为樟科植物天竺桂、阴香、细叶香桂和川桂等的树皮，是我们常用的辛香料，也是制作五香粉的主要成分之一。

小茴香：是伞形花科植物茴香的果实。小茴香呈灰色，形如稻粒，中医认为其性温、味辛，有温肾散寒，和胃理气的作用。

青花椒：有芳香健胃，温中散寒，止痒解腥的功效，可以去除各种肉类的腥气，还可以促进唾液分泌，增进食欲。

花椒的保存

家庭在保存花椒时，可以先把锅置火上烧热，放入花椒，用小火反复煸炒至花椒发干，出锅，凉凉，将花椒装入玻璃容器中，盖上容器盖，密封保存即可。

葱姜汁调制

葱姜汁可以很好地去除一些食材的腥膻气味。葱姜汁的制作方法是把姜块洗净(不去皮)，用刀拍烂；大葱洗净，切成小段，全部放入容器中，加入清水拌匀并浸泡20分钟，再用手指揉捏葱姜，让汁液溶入水中，然后用筛网滤去葱姜，即为葱姜汁。

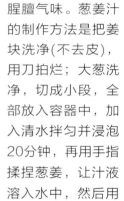

花椒水制作

将洗净的花椒和老姜片一起放入净锅中，用小火煸炒几分钟，加入适量的清水烧沸，再用中火熬煮10分钟至出香味时，离火，将汤汁倒入大碗中，凉凉，过滤去除杂质即成花椒水。

复合味

前面我们为您介绍的咸味调味品、酸味调味品、辣味调味品、甜味调味品和鲜味调味品，我们称为基本味，而调味中还有多种其他滋味，我们称之为复合味。

复合味就是由两种或两种以上的基本味混合而成的滋味，除了增加和改变菜肴的口味外，还可以改变菜肴色彩，使菜肴色泽鲜艳美观。

调味的方法千变万化，使用单一的或经过企业加工的现成调味品，往往不能满足人们的口味需要，因而自己动手调制一些复合味汁，以适应各种菜肴不同的口味要求，是非常有益处的。

家庭中能够用到的复合味有很多种，其中比较常见的有葱油味、蒜蓉味、咸辣味、酱香味、香糟味、荔枝味、椒麻味、红油味、糖醋味、五香味、鱼香味、家常味、怪味等等。

家常味 是用豆瓣酱、红辣椒、精盐、酱油等调制而成，具有咸鲜微辣的特点。因菜肴风味的不同，调制家常味时也可加入其他调味品，如泡红辣椒、料酒、豆豉、甜酱、味精等。

蒜蓉味 是凉菜常用的复合味型之一，具有蒜香味浓、咸鲜微辣的特色。蒜蓉味是把蒜瓣去皮，放在容器内，加上少许植物油和清水捣成蓉状，加上精盐、酱油、白糖、味精、香油和辣椒油调匀而成。蒜蓉味不宜久存，因此调制时应现调现食，菜肴味道才鲜美。

红油味 是以特制的红油（辣椒油），加入酱油、白糖、味精等调制而成。有些地方菜肴，在调制红油味时，还需要加入米醋、蒜蓉、香油、花椒油等，具有咸鲜辣香，回味略甜的特色。

番茄味 把盐、番茄酱、料酒、白糖调匀，倒入锅内炒至浓稠，淋入香油即可。番茄味是以精盐、番茄酱定咸鲜味，突出番茄的酸甜口味，白糖以入口甜酸适度为佳。

咸鲜味 一般由精盐、味精调制而成，但因不同菜肴的风味需要，有时加入料酒、生抽、白糖、香油等。调制咸鲜味要注意掌握咸味适度，突出鲜味，并保持食材本身的清鲜味。

咖喱味 重用咖喱酱或咖喱粉，以突出咖喱的特色，同时加入较多的料酒、葱姜等，这样有助于增香、提味、减腻和去异味，成菜要求色泽黄亮，咖喱香味浓郁，鲜咸带辣。

酸辣味 是以精盐、酱油、米醋、胡椒粉、味精、香油等调制而成，具有酸辣咸鲜，醋香味浓的特点。调制酸辣味要以咸味为基础，酸味为主体，辣味助风味的原则，用料要适度。

麻酱味 以芝麻酱为主料，加入精盐、香油、味精、鸡汁等调制而成，少数菜品也加入酱油或辣椒油，具有芝麻酱香，咸鲜醇正等特色。调制时要先用香油把芝麻酱调散，使芝麻酱和香油的香味融合在一起，再加入其他调料搅匀。

　　椒麻味　　以麻椒（或花椒）为主要调味品，搭配精盐、酱油、大葱等调制而成，有咸鲜味麻，葱香味浓的特点。

　　一般椒麻味的调制方法是把麻椒放入温水中浸泡片刻，取出，放在案板上，加上大葱一起剁成碎末，再放入精盐、白糖、味精、香油和鸡汤等调匀即可。

　　椒麻味以盐定咸味，重用大葱和麻椒，突出椒麻味；白糖可用于提鲜，用量以食之无甜味为准；味精用量稍多，以入口有感觉为度。此外调制时须选用优质麻椒，方能体现风味；花椒要与大葱一起用刀剁碎，使椒麻辛香味与咸鲜味相结合。

　　柠檬味　　用精盐定菜肴的咸味，加入足量柠檬汁和白醋以确定菜肴的酸味，白糖用于丰富菜肴的甜香口味，料酒可去异味。柠檬味多以烹调肉类热菜为主，如柠檬鸡，柠檬鸭，柠檬虾等。

　　糟香味　　是以盐定咸味，香糟汁可以去异味，增香味，而且用量较大；冰糖可以增色提鲜，辅助香糟汁的甜味和香味；姜葱、料酒去除异味，但用量以不压糟香味为宜。

怪味　是以精盐、酱油、花椒粉、白糖、蒜蓉、味精、辣椒油、香油等调制而成，也有加入葱花、姜米等。怪味咸、甜、麻、辣、酸、鲜、香并重而协调，故得怪味之名。

鱼香味　因源于四川民间独具特色的烹鱼调味方法而得名。鱼香味是用盐、酱油、白糖、米醋、泡鱼辣椒、姜葱蒜等调制而成，口味咸辣酸甜，具有浓郁而独特的鱼香味。

麻辣味　是以辣椒、花椒、麻椒、精盐、料酒和味精等调制而成。麻辣味使用的花椒和辣椒因菜肴而异，有的用郫县豆瓣酱，有的用干辣椒；而花椒有的用花椒粒，有的使用花椒粉。

蚝油味　为粤菜常用的味型之一，是以蚝油定味型的基本咸味和鲜味，白糖用于提鲜，但用量不宜多，另外可以加入少许鱼露、香油等。蚝油味主要用于畜肉类、海鲜类菜肴的调味。

芥末味　是以芥末粉或芥末油为主要调味料，加入精盐、酱油、米醋、味精和香油等调制而成。调制时要先把芥末粉放在碗内，加入汤汁调成糊状，把小碗密封30分钟使芥末糊发酵，辛辣味突出，再加入其他调料拌匀即可。

DIET SCIENCE
饮食科学

第三课

烹饪前奏曲
食材巧加工

第三课 烹饪前奏曲 食材巧加工

前面我们为您介绍了食材和调料的常识，现在我们介绍食材的清洗、刀工、涨发技巧。

食材的清洗是制作菜肴首先遇到的问题。食材清洗的好坏，对菜肴的切配、烹制等有着重要的作用。而且清洗好的食材也可以在卫生、安全方面对人体有保证，可避免因为清洗不佳，影响身体的健康。

在清洗食材之前，需要先对食材进行处理，这样的处理包括对异物的去除，如容易被蛀的蔬菜要先做到除虫，还有对一些枯黄的菜叶给予清除。对一些像豆腐类食材，清洗时要小心谨慎，避免破碎。对于鱼类，在宰杀时必须谨慎，免得被杀鱼的工具碰伤，或者收拾时弄破鱼胆，导致鱼肉味道不佳。

刀工处理就是运用各种刀具及相关的用具，采用各种刀法，将不同质地的食材，加工成适宜烹调的各种形状的过程。刀工处理的作用除了便于食用、便于加热、便于调味外，还可以美化菜肴、丰富菜肴的品种，另外还可以改善一些食材的质感。

食材的刀工处理也有其基本的要求。无论是丁、丝、条、片、块、粒或其他任何形状，都应做到粗细一致、长短一样、厚薄均匀、整齐美观，以益于食材在烹调过程中受热均匀。食材的刀工处理和烹调制作是烹饪技术中一个整体的两道工序，其相互制约、相互影响。而食材形状的大小，一定要适应烹调方法的需要。如家常炒菜一般要求加热时间短、旺火速成，这就需要所加工的食材形状以小、薄、细为好。

蔬菜菌类

扁豆加工

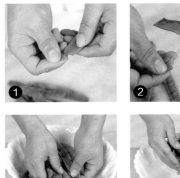

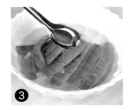

把扁豆掐去尖（图1），撕去扁豆的豆筋（图2），放入清水盆中，加入少许精盐浸泡片刻（图3），搓洗干净（图4），沥净水分（图5），再根据菜肴要求切配即可（图6）。

油菜加工

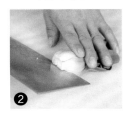
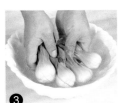

油菜剥去外层老叶（图1），放在案板上，在根部剞上十字花刀，以便于入味（图2），再把油菜放入小盆中，用清水洗净（图3），捞出，沥净水分，即可制作菜肴（图4）。

忌用冷水浸泡干腌菜

家庭常见的干腌菜品种很多，如梅干菜、笋干菜、腌萝卜干、腌香椿等。干腌菜经泡发后，可与多种荤素食材搭配成馔，别有风味，还可以调制各种馅料，均味美可口。

泡发干腌菜时忌用冷水。因为用冷水长时间浸泡干腌菜，容易使干腌菜产生大量的亚硝酸盐，对人体十分有害。而用热水浸泡干腌菜，可以杀灭干腌菜的细菌，不会产生亚硝酸盐。因此干腌菜忌用冷水浸泡。

生菜加工

把生菜去掉菜根，剥去外层老叶，再剥取嫩生菜叶（图1），放在淡盐水中浸泡片刻（图2），再换清水漂洗干净（图3），取出生菜叶，沥净水分，撕成大块即可（图4）。

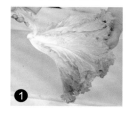

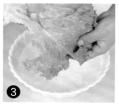

西蓝花加工

西蓝花剥去花叶（图1），去掉菜根及西蓝花柄(图2)，用手轻轻掰成小朵（图3），放在案板上，在西蓝花根部剞上浅十字花刀（图4），放入清水中浸泡并洗净（图5），取出西蓝花，沥净水分即可（图6）。

菠菜加工

把菠菜切去菜根（图1），放入清水盆内，加入精盐拌匀（图2），反复揉搓并洗净，沥水，切成小段即可（图3）。

白菜刀工

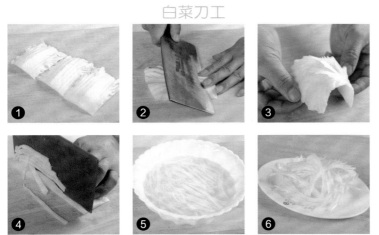

嫩白菜帮切成大块（图1），表面斜剀上一字刀（图2），注意不要切断（图3），转一个角度，切成细丝（图4），放入清水中浸泡（图5），捞出，即为锯齿花白菜丝（图6）。

白菜帮切成宽条（图7），再斜刀片成小块（图8），待全部完成后，用清水洗净即可（图9）；剁白菜时要求刀具与案板垂直，当白菜剁到一定程度时（图10），把白菜铲起归堆（图11），再反复剁碎，即为白菜碎末（图12）。

绿叶蔬菜要用旺火速烹

烹制绿叶蔬菜时要用旺火速烹。因为绿叶蔬菜中的叶绿素，全部转变为脱镁叶绿素需要一定时间，通常脱镁反应的速度，是随着烹调加热时间的延长而增加。因此烹制时要采用旺火速烹的烹调方法，如炒、爆、烫等，这样能保持蔬菜的碧绿色泽。另一方面，食用时也要及时，只有这样，才能保证绿叶蔬菜的色泽，以及菜肴的口感。

莴笋加工

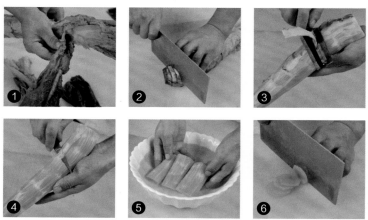

莴笋去叶（图1），切去根（图2），削去外皮（图3），去除白色筋络（图4），洗净（图5），切成片即可（图6）。

洋葱刀工

洋葱去根（图1），放入冷水中浸泡(图2)，捞出，用直刀切断，即为洋葱圈（图3）；切洋葱前把刀面浸湿（图4），把洋葱切成两半，顶刀切断（图5），即为洋葱丝（图6）；把洋葱丝用力压切，并将刀刃前部翘起（图7），两手上下交替，切成碎粒（图8），再剁几下即为洋葱碎（图9）。

土豆刀工

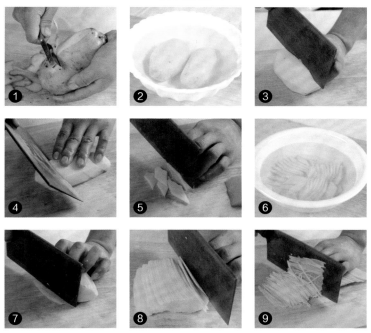

　　土豆去皮（图1），放入清水中浸泡片刻（图2），捞出，沥水，先切成两半（图3），用斜刀切成块（图4），再用直刀切成菱形片（图5），放入清水中浸泡即可（图6）。

　　为了防止土豆滚动，先把土豆切去一角（图7），把切面朝下，用直刀切成大片（图8），顶刀切成土豆丝（图9）。

茭白刀工

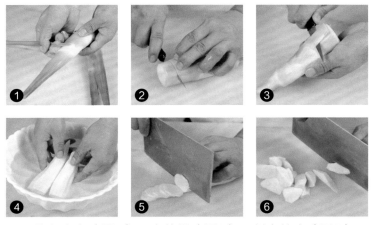

　　茭白去壳（图1），去菜根（图2），削去外皮（图3），洗净（图4），切成片（图5），或切成菱形块即可（图6）。

黄瓜刀工

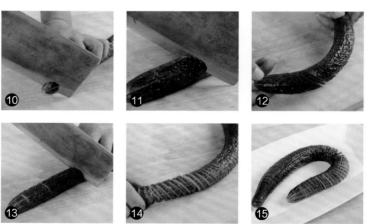

黄瓜去蒂（图1），切成圆形片（图2），或者斜切成椭圆形片（图3）；黄瓜顺长切成两半（图4），斜刀切成4厘米大小的菱形块（图5），顺着菱形块切成菱形片（图6）；或把黄瓜洗净（图7），切成椭圆形片（图8），用直刀切成丝（图9）。

黄瓜去蒂（图10），在一面直刀斜剞上一字刀纹（图11），刀纹深度为黄瓜厚度的1/2（图12），刀距约为2毫米，并且要均匀（图13），再转另一面，同样剞上直一字刀纹（图14），与斜一字刀纹相交，即为蓑衣形黄瓜花刀（图15）。

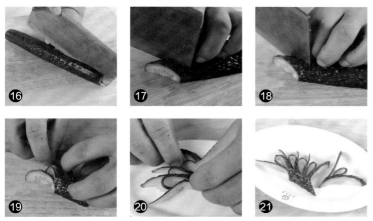

黄瓜洗净，顺长切成两半（图16），在长度4/5处斜切成连刀片（图17），每切5片为一组，将黄瓜切断开（图18），然后每隔一片弯曲一片别住（图19），即成美丽的凤尾形黄瓜花刀（图20），也可只切3刀，弯曲后也很美观（图21）。

茄子刀工

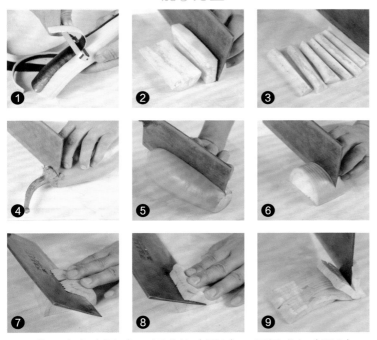

茄子去皮（图1），切成块（图2），再切成条（图3）；茄子去蒂（图4），切成两半（图5），直刀剞上厚度4/5的刀纹（图6），转一个角度斜剞上刀纹（图7），切成一刀相连、一刀断开的片（图8），即为鱼鳃形茄片（图9）。

白萝卜刀工

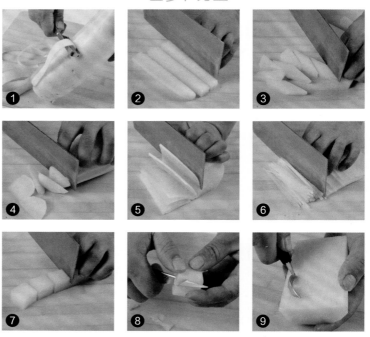

　　白萝卜去皮（图1），切成条（图2），再用直刀斜切成菱形块（图3）；或者根据菜肴要求切成滚刀块（图4）；萝卜切成片（图5），再切成丝（图6）；白萝卜切成小块（图7），用小刀削成圆球（图8），或用球勺挖成圆球（图9）。

青萝卜刀工

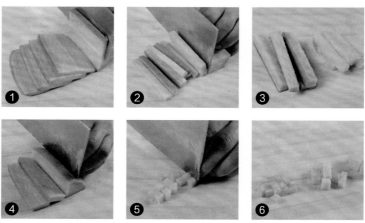

　　青萝卜切成厚片（图1），顺切成小条（图2），条有粗条和细条（图3）；或者把净青萝卜切成厚片（图4），再切成不规则的丁（图5），丁的大小有大丁、小丁等（图6）。

心里美萝卜刀工

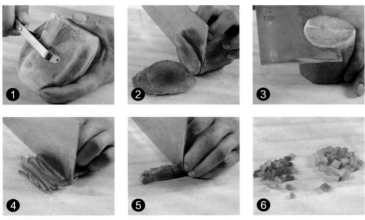

心里美萝卜去皮（图1），切成圆形薄片（图2）；或把切面朝上，用刀片成圆片（图3），把圆片切成细条（图4）；把细条切成粒（图5），粒的大小有大粒、小粒等（图6）。

胡萝卜刀工

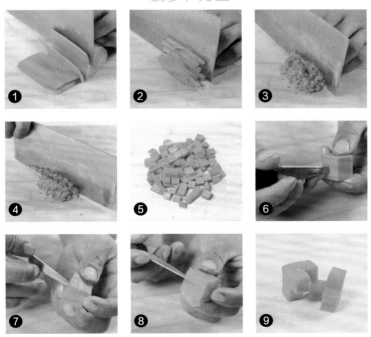

胡萝卜切片（图1），切成丝（图2），切成粒（图3），剁几下成末（图4）；胡萝卜切成丁（图5），用小刀在丁的一面切一刀（图6），深度为胡萝卜丁厚度的1/2（图7），转面后从接口处再切一刀（图8），掰开即为吉庆丁（图9）。

番茄去皮

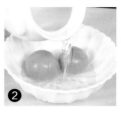
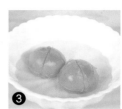

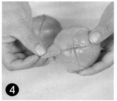

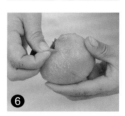

　　番茄去蒂，用小刀在番茄表面剞上十字花刀（图1），放入大碗中，浇入沸水（图2），浸泡至外皮裂开（图3），这样番茄皮很容易就能剥除（图4）；还可将番茄从尖部到底部刮一遍（图5），这时再用手撕去番茄外皮就很容易了（图6）。

荸荠加工

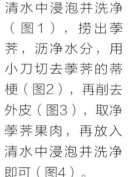
　　把荸荠放入清水中浸泡并洗净（图1），捞出荸荠，沥净水分，用小刀切去荸荠的蒂梗（图2），再削去外皮（图3），取净荸荠果肉，再放入清水中浸泡并洗净即可（图4）。

豆芽加工

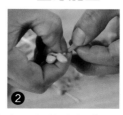

　　豆芽放入淡盐水中浸泡并洗净（图1），捞出，沥水，掐去豆根（图2），再放入清水中浸泡片刻即可（图3）。

豆芽菜肴宜爆炒

豆芽本身并无明显味道，为蔬菜中的佳品，也适宜多种口味。豆芽不仅可以单独成菜，也可以搭配其他食材一起烹调，不仅可以提高菜肴的营养价值，还有一定的营养互补作用。

烹制豆芽菜肴要用旺火、热油爆炒而成。因为豆芽极其脆嫩，含水分多，烹制时必须用旺火、热油快速翻炒，炒至断生无豆腥味即可。炒制时间如果过长，豆芽会出水，失去脆嫩爽口的特色，豆芽色泽也会变得灰暗，质感绵软，口味不佳。

苦瓜刀工和去苦味

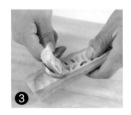

将苦瓜洗净，沥净水分，切去头尾（图1），顺长将苦瓜一切两半（图2），然后用小勺挖去苦瓜瓤（图3），用清水漂洗干净（图4），沥水，切成片（图5），或者根据菜肴要求切制即可（图6）。

盐渍法（图7）：苦瓜片放入碗中，加入少许精盐拌匀，腌渍5分钟后制作菜肴，既可减轻苦味，而且苦瓜风味犹存。

水焯法（图8）：苦瓜切成小条，先用沸水焯至熟，再捞入冷水中浸泡，这样苦味虽能除尽，但却丢掉了苦瓜的风味。

水漂法（图9）：苦瓜片用冷水漂洗，边洗边用手轻轻捏挤，洗一会后换清水再洗，如此反复数次，苦汁随水流失，炒熟后的苦瓜会微带苦味。

莲藕加工

　　莲藕用清水洗净，沥去水分，放在案板上，切去藕节和藕根（图1），用削皮刀削去莲藕的外皮（图2），然后根据菜肴的要求，切成片或者其他形状即可（图3）。

山药加工

　　山药刷洗干净，去根，用削皮刀削去外皮（图1），需要马上洗几遍手，可止痒，把山药切成段，放入清水盆内（图2），淋入少许植物油浸泡几分钟（图3），捞出，沥净水分，切成条或块即可（图4）。

鲜金针菇加工

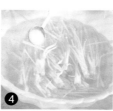 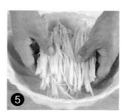 

　　鲜金针菇是营养丰富的食材（图1），加工时把鲜金针菇去根（图2），撕成丝（图3），放入清水盆中，加入精盐拌匀（图4），搓洗干净（图5），攥干水分即可（图6）。

春笋加工

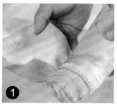 

春笋是常用的时令蔬菜之一。加工时先将春笋剥去外壳（图1），切去春笋老根（图2），削去春笋外皮（图3），用清水漂洗干净，沥净水分，再根据菜肴要求，切成各种形状即可（图4）。

木耳涨发

 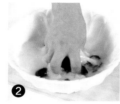 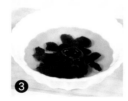

木耳放入清水中（图1），浸泡至涨发，加入淀粉拌匀，反复揉搓（图2），撕成小朵，放入清水中浸泡即可（图3）。

笋干涨发

 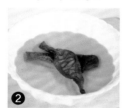 

  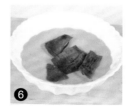

笋干是较为常见的干货食材（图1），涨发前先把笋干放入温水中浸泡10小时（图2），再放入冷水锅中（图3），烧沸后转中小火煮至笋干回软（图4），捞出笋干，凉凉，切成大块（图5），再放入热水盆中浸泡至发透为止（图6）。

畜类
里脊肉刀工1

用平刀法把里脊肉片成薄片（图1），再用直刀法切成丝（图2），里脊肉丝的规格有两种：粗丝直径为3毫米，长为4~8厘米；细丝直径小于3毫米，长度为4~6厘米（图3）。

把里脊肉放在案板上，右手持刀，用刀刃的后部，用直刀法切成里脊肉片（图4）；或把里脊肉放在案板上（图5），将刀倾斜45℃对准里脊肉，由上至下，将里脊肉片切成里脊肉片（图6）。

 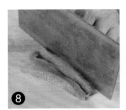 

把里脊肉放在案板上，直刀切成厚片（图7），再将厚片切成长条（图8），然后改刀切成正方体的肉丁（图9），一般大丁2厘米大小，中丁1.2厘米左右。

将里脊肉去掉筋膜，放在案板上（图10），先切成比较厚的大片（图11），再用直刀法，把里脊肉切成3厘米大小的里脊块（图12）。

里脊肉刀工2

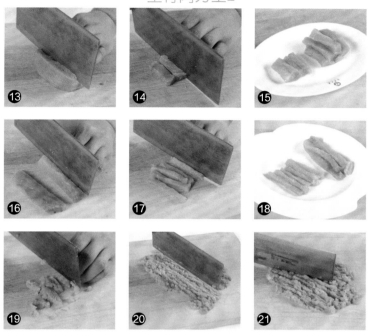

里脊肉切成厚片（图13），再切成里脊段（图14），里脊肉段分粗段、细段（图15）；或把里脊肉切成片（图16），用直刀切成条（图17），里脊条分为粗条和细条（图18）；里脊肉切成粒（图19），剁细（图20），用刀背砸成肉蓉（图21）。

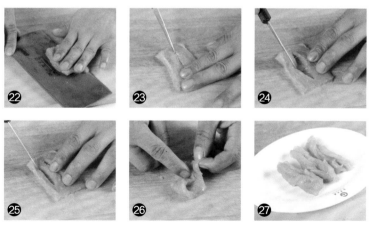

里脊肉切成长5厘米、宽2厘米段（图22），在肉片中间划一刀口（图23），刀口长约4厘米（图24），在中间刀口两旁再各划上一刀（图25），握住肉段两端，将里脊肉从中间穿过（图26），即成美观的麻花形里脊花刀（图27）。

里脊肉保鲜

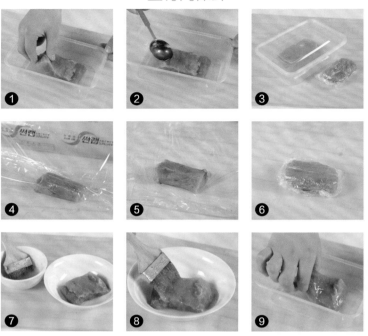

　　里脊肉放在保鲜盒内（图1），淋入料酒（图2），盖上盖，冷藏保鲜（图3）；或者用保鲜膜（图4），里脊肉放在保鲜膜上（图5），包好，冷冻保鲜（图6）；或把里脊肉洗净（图7），涂上蜂蜜（图8），放入保鲜盒内存放（图9）。

五花肉刀工

　　五花肉中间切一刀（图1），拽住一边，平刀片去肉皮（图2），猪肉皮去掉油脂（图3），五花肉切成片（图4）；或者把五花肉片成片（图5），再剁成五花肉蓉即可（图6）。

猪肚加工

猪肚翻过来（图1），撕去油脂（图2），加入面粉、米醋（图3），放入精盐（图4），反复揉搓（图5），用清水冲净（图6），加入清水浸泡（图7），倒入锅内，加入葱姜、八角等（图8），旺火煮沸，用中火煮至熟透即可（图9）。

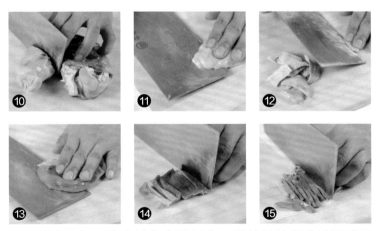

熟猪肚切下肚头部分（图10），再将肚头部分片开成两半（图11），然后用斜刀切成块（图12）；或者把熟猪肚片成两片（图13），用直刀法切成6厘米长的猪肚条（图14），或者改刀切成猪肚丝即可（图15）。

猪肝加工

　　鲜猪肝剔去白色筋膜（图1），放入淡盐水中洗净，沥去水分（图2），先用斜刀切成大块（图3），再用直刀法切成片（图4），放入清水中洗去血水（图5），捞出、沥水，加入鸡蛋、淀粉等拌匀，上浆（图6），即可制作菜肴。

猪蹄加工

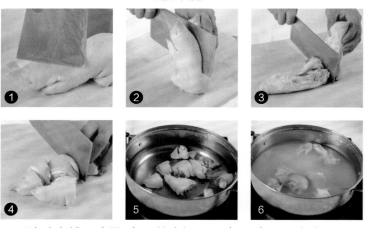

　　猪蹄去绒毛（图1），从中间下刀（图2），用力向下砍断成两半（图3），剁成块（图4），放入清水锅内，加入葱姜和料酒（图5），用中火煮10分钟（图6），捞出猪蹄块即可。

《猪蹄煲汤巧搭配》

　　猪蹄的做法较多，其中常见的就是煲汤。煲汤营养价值高，所需要的搭配的食材也广泛，可以用甜玉米煲猪蹄汤，有美容养颜的作用。另外也可以烹制眉豆猪蹄汤、黄豆猪蹄汤、薏米猪蹄汤、花生红枣猪蹄汤等，都是比较好的选择。

油发蹄筋

蹄筋是常用食材（图1）。把蹄筋放入温油锅中（图2），不断搅动（图3），离火，用余热焐透（图4），再放入油锅内加热至蹄筋膨胀（图5），捞出蹄筋（图6），放入热碱水中浸泡（图7），取出，去除杂质（图8），切成块即可（图9）。

水发蹄筋

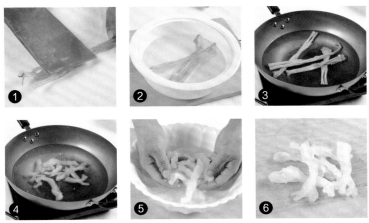

拍打蹄筋使之松软（图1），放入温水中浸泡（图2），下入温水锅中烧沸，离火浸泡至回软（图3），换清水煮至色白（图4），去除杂质（图5），切成条块即可（图6）。

猪肠加工

猪大肠翻转（图1），去掉油脂和杂质（图2），再翻转一下（图3），加入精盐、米醋（图4），反复揉搓（图5），放入清水中浸泡（图6），倒入锅内，加入葱姜等（图7），用中小火煮至熟（图8），捞出，凉凉，切成条块即可（图9）。

麦穗形猪腰花

猪腰片成两半（图1），去除腰臊，斜刀推剞（图2），转一个角度斜刀推剞并相交（图3），切成块（图4），放入沸水锅中焯烫（图5），捞出，即成麦穗形猪腰花（图6）。

双直刀猪腰花

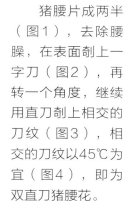
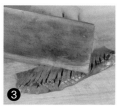

猪腰片成两半（图1），去除腰臊，在表面剞上一字刀（图2），再转一个角度，继续用直刀剞上相交的刀纹（图3），相交的刀纹以45℃为宜（图4），即为双直刀猪腰花。

斜直刀猪腰花

猪腰片成两半（图1），去除白色腰臊，用斜刀法在猪腰表面剞上一字刀（图2），再转一个角度，用直刀剞上相交刀纹（图3），切成块，放入沸水锅内略焯，即为斜直刀猪腰花（图4）。

蓑衣形猪腰花

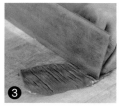

猪腰去除白色腰臊，洗净，在一面剞上深度为4/5的刀纹（图1），再斜刀推剞上深度为4/5的刀纹（图2），然后翻面，在另一面上用直刀推剞上刀纹（图3），切成大块，放入沸水锅中焯烫一下，捞出，即为蓑衣形猪腰花。

猪腰去腥

花椒放入热水中浸泡（图1），捞出花椒（图2），放入腰花浸泡3分钟即可（图3）；还可以将腰花放入碗中（图4），用少许白酒揉搓（图5），用清水洗净，也可去腥味（图6）。

羊肾加工

羊肾剪去杂质（图1），去掉外膜（图2），放入清水中洗净（图3），片成两半（图4），先斜剞上刀纹（图5），再剞上交叉刀纹（图6），放入清水中洗净（图7），倒入冷水锅中，加入葱姜等焯烫至变色（图8），捞出即可（图9）。

羊肉加工

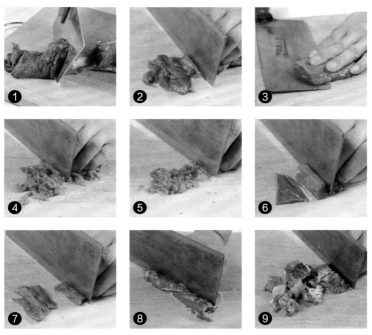

羊肉去掉筋膜（图1），用直刀法切成大小均匀的薄片（图2）；或用平刀法片成片（图3），再切成丝（图4）；把羊肉丝切碎成羊肉末（图5）；或者把羊肉切成块（图6），用直刀切成羊肉条（图7）；还可以把羊肉切成3厘米大小的长条（图8），再切成4厘米大小的羊肉块（图9）。

羊肉去腥

萝卜去腥（图1）：将萝卜块、羊肉块一起放入冷水锅中，用旺火烧沸，转小火煮约30分钟，捞出羊肉块，换清水洗净，然后烹制菜肴，膻味即可去除。

绿豆去腥（图2）：将羊肉洗净，切成大块，放入清水锅中，加入绿豆煮约20分钟，即可去除羊肉膻味。

米醋去腥（图3）：把羊肉块放入清水锅中，加入米醋煮几分钟，捞出羊肉块，洗净后再烹制成菜，膻味也可去除。

羊肉丸加工

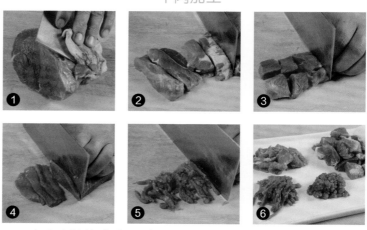

羊肉蓉碗中磕入鸡蛋（图1），加上鸡汤搅拌（图2），加入酱油等（图3），放入荸荠粒等拌匀（图4），放入保鲜盒内（图5），盖严盒盖（图6），冷藏30分钟，挤成丸（图7）；或用小勺蘸上清水（图8），直接挖成羊肉丸（图9）。

牛肉加工

牛肉去掉筋膜（图1），切成3厘米大小的长条（图2），再切成块（图3）；或者把牛肉切成片（图4），用直刀法切成丝（图5）；或者加工成其他形状（图6）。

牛鞭加工

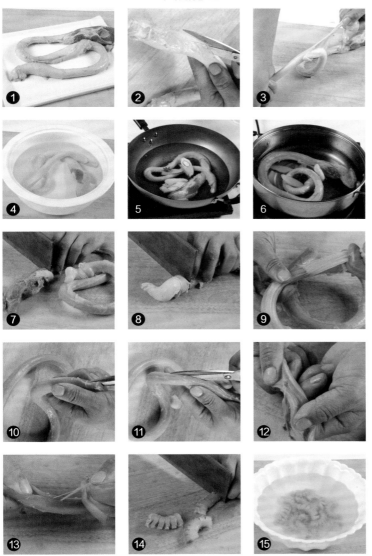

　　牛鞭在制作菜肴前要收拾干净（图1），方法是把牛鞭剪去杂质（图2），撕去薄膜（图3），放入温水盆内（图4），加入白醋搓洗，捞出牛鞭，放入冷水锅中，加入葱姜、料酒等（图5），小火煮40分钟（图6），捞出，过凉，切去一端杂肉（图7），再切去另一端（图8），撕去表面薄膜（图9），用剪刀从尿管一侧插入（图10），顺长剪开（图11），掰开尿道（图12），去除白膜（图13），在牛鞭表面剞上花刀或切成块（图14），放入清水锅内焯烫，捞出，洗净即可（图15）。

禽蛋豆制品
鸡的宰杀

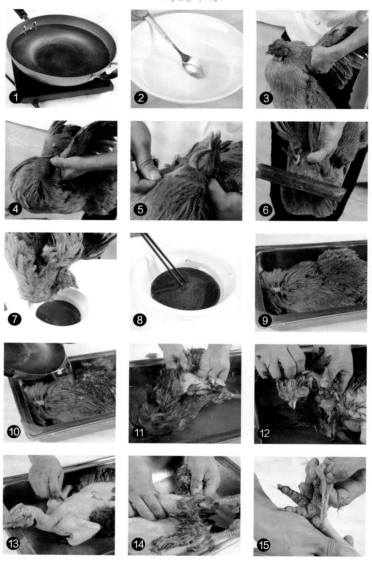

　　冷水放入锅内（图1），置火上烧沸；准备好一碗淡盐水（图2）；左手握住鸡翅（图3），捏住鸡颈（图4），下刀处拔净鸡毛（图5），割断气管和血管（图6），鸡身下倾控出血液（图7），加入淡盐水调匀（图8）；将鸡放入容器内（图9），倒入沸水浸烫（图10），煺净翅膀羽毛（图11），再逆向煺净颈毛（图12），煺净全身鸡毛（图13），煺净鸡腿毛（图14），剥去鸡爪黄皮即可（图15）。

鸡的初加工

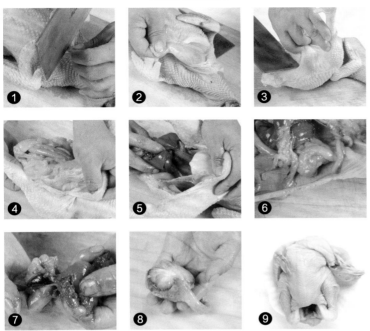

用刀在鸡脖处划一刀（图1），去掉鸡嗉和食管（图2），在鸡屁股上方横切一刀（图3），撕开刀口（图4），掏出内脏等（图5），去掉油脂（图6），去除苦胆（图7），把内脏等收拾干净（图8），再把整鸡用清水浸泡并洗净即可（图9）。

鸡油加工

鸡腹内油脂加工后可作为熟鸡油使用（图1）。把鸡油切碎（图2），加入大葱等拌匀（图3），放入锅内（图4），蒸至油脂溶化，取出，去除杂质（图5），即为熟鸡油（图6）。

鸡胸肉加工

整块鸡胸肉切成两半（图1），去除筋膜（图2），洗净，沥水，成为鸡小胸肉（鸡芽肉）和鸡大胸肉（图3）。

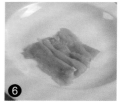

把鸡胸肉去掉白色筋膜（图4），用平刀法对准鸡胸肉下刀（图5），即可片成大小均匀的鸡肉片（图6）。

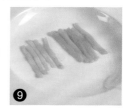

鸡胸肉去筋膜（图7），片成大片，再将鸡肉片直刀切细，即为鸡肉丝（图8），鸡肉丝有粗丝、细丝之分（图9）。

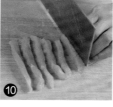

鸡胸肉切成条（图10），直刀切成丁（图11），丁有大丁、小丁（图12）；或者切成粗条（图13）；或者把鸡肉切成绿豆大小的粒（图14），用刀背砸成鸡肉蓉（图15）。

鸡腿剔骨

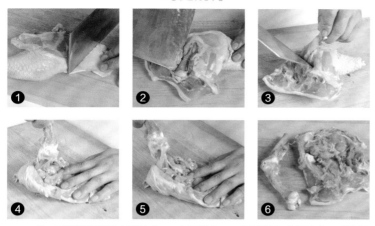

将鸡腿筋切断（图1），表面划一刀至骨头（图2），沿腿骨将骨肉分离（图3），一手握腿骨，一手抓腿肉（图4），将鸡腿骨拽出（图5），剔去鸡腿小骨，取鸡腿肉即可（图6）。

鸡腿刀工

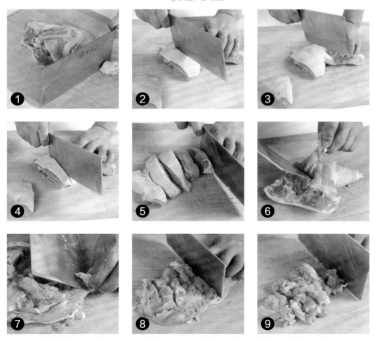

鸡腿剁去腿骨尾（图1），刀刃对准要砍部位（图2），用力向下砍去（图3），待鸡腿剁断（图4），继续间隔剁成大块（图5）；或者把鸡腿剔骨（图6），去除杂质（图7），在鸡腿肉内侧剞上花刀（图8），切成均匀的鸡腿块（图9）。

鸡肠加工

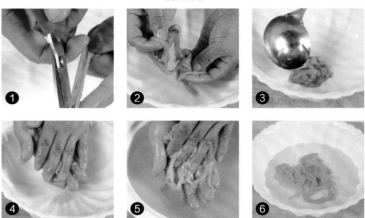

鲜鸡肠顺长剪开（图1），刮去油脂，放入冷水中漂洗一下（图2），加入少许白醋拌匀（图3），反复抓洗（图4），再换清水洗净（图5），放入清水中浸泡即可（图6）。

鸡胗加工

鸡胗剥去黄色油脂（图1），在表面切一小口（图2），撕开鸡胗（图3），撕去内层黄皮（图4），在内侧剞上一字刀（图5），再用直刀剞上十字花刀（图6），切成块（图7），放入沸水锅内焯烫（图8），捞出，用清水浸泡（图9）。

鸡爪剔骨

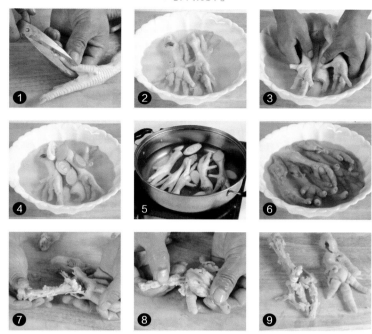

鸡爪剪去爪尖（图1），放入清水中（图2），揉洗干净（图3），捞出鸡爪，放入容器中，加入清水、葱段、姜片和料酒浸泡2小时（图4），一起倒入清水锅中（图5），用小火煮20分钟至鸡爪断生，捞出，放入冷水中浸泡（图6），捞出，先把鸡爪后端的大骨取出（图7），再用刀尖在鸡爪的三根趾背上顺着趾骨各划一刀，用拇指和食指捏住鸡爪趾骨的最前端（图8），由爪尖向掌心方向推送，取出爪骨即可（图9）。

美味鸡皮点滴

鸡皮含有丰富的胶原蛋白，不仅可以单独作为主料制作菜肴，还可以把鸡皮切成条、块等，与一些配料制作菜肴食用。

很多人感觉鸡皮比较油腻，为了减少脂肪和热量的摄入，在烹制鸡肉前要去掉鸡皮。其实鸡皮虽然含有较多的脂肪，但多为不饱和脂肪酸，对人体也没有伤害。另外即使不喜欢食用鸡皮，最好也要把带皮鸡肉煮熟，再去除鸡皮。因为去皮煮鸡肉会破坏鸡肉的美味，同时在鸡皮和鸡肉之间有一层薄膜，在保持肉质水分的同时，也防止脂肪的外溢，所以在烹制带皮鸡肉时，熟后去鸡皮才是正确的做法。

乳鸽收拾

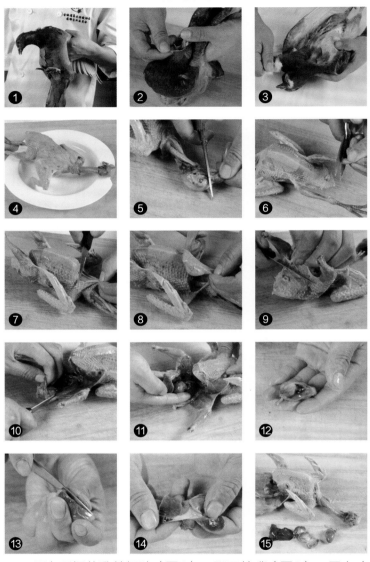

　　用左手握住乳鸽翅膀（图1），掰开鸽嘴（图2），用水呛淹致死，在乳鸽体温尚未散尽时将羽毛拔净（图3），用清水将乳鸽洗净，擦净水分（图4），剪去乳鸽嘴尖（图5），去掉鸽爪（图6），从乳鸽脖子处剪开（图7），掏出嗉子（图8），再从乳鸽腹部横切一刀（图9），切去尾部（图10），取出乳鸽内脏等（图11）；把乳鸽鸽胗洗净（图12），从中间切开（图13），去掉里面的杂质，撕去筋膜（图14），漂洗干净，再把鸽心、鸽肝等洗净即可（图15）。

鹌鹑加工

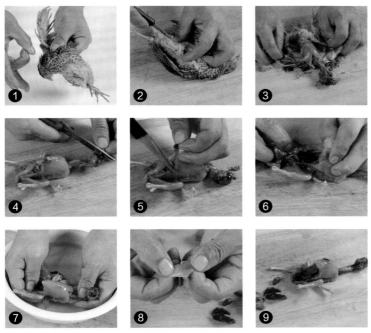

用手指猛弹鹌鹑的后脑（图1），切开腹部表皮（图2），连同羽毛一起把外皮撕下（图3），剪去鹌鹑嘴（图4），划开腹部（图5），掏出内脏（图6），洗净即可（图7）；鹌鹑肝和胗不要丢弃（图8），放入鹌鹑腹内一起制作成菜（图9）。

鸭肠加工

鸭肠顺长剪开，去掉油脂（图1），放入容器中，加入白醋和面粉（图2），揉搓均匀（图3），用清水洗净（图4），放入冷水锅中煮几分钟（图5），捞出，沥水即可（图6）。

松花蛋加工

松花蛋剥去外层腌料（图1），洗净（图2），放入锅内（图3），旺火蒸5分钟（图4），剥去外壳（图5），把细线放在松花蛋上方（图6），向下拉直，切成两半（图7）；或者用刀蘸上热水（图8），直接切成块即可（图9）。

巧分蛋黄和蛋清

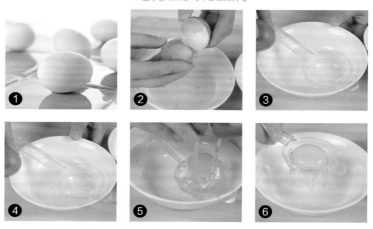

鸡蛋美味适口（图1）。分开蛋黄、蛋清时，可直接磕开，滤出蛋清（图2）；也可把分蛋器架在碗上（图3），磕开鸡蛋（图4），倒在分蛋器上（图5），也可分离（图6）。

腐竹刀工

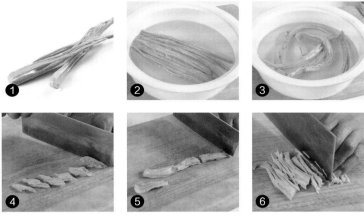

腐竹是常用豆制品之一（图1），食用前把腐竹放入容器内（图2），加入清水浸泡至涨发（图3），攥干，切成小块（图4），也可用直刀切成段（图5），或切成丝（图6）。

香干刀工

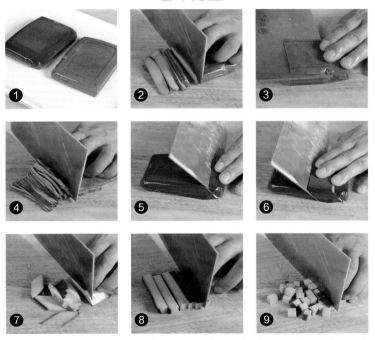

香干味美适口（图1）。切制时可以切成小片（图2）；或者把香干片成片（图3），再用直刀切成丝（图4）；或斜刀切下一小块，（图5），继续斜刀切成菱形块（图6），再直刀切成菱形片（图7）；或先切成粗条（图8），再切成丁（图9）。

水产品
鲤鱼加工

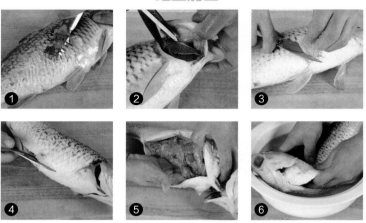

　　鲤鱼刮去鳞片（图1），去除鱼鳃（图2），剪去胸鳍、腹鳍、背鳍、尾鳍（图3），剪开鲤鱼腹部（图4），取出内脏，去净杂质（图5），再用清水冲洗干净（图6）。

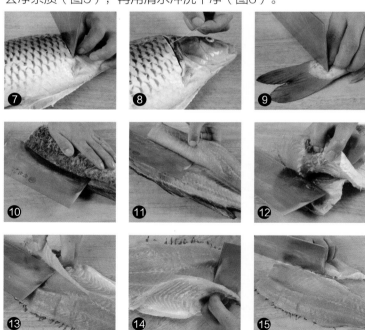

　　鲤鱼从鳃处切一刀口（图7），拽出白色腥筋（图8），切下鱼头、鱼尾（图9），从鱼背部下刀（图10），片成两半（图11），剔去脊骨（图12），去除骨刺（图13），再把另一半鱼肉去掉骨刺（图14），即为带皮鱼肉（图15）。

鲤鱼肉刀工

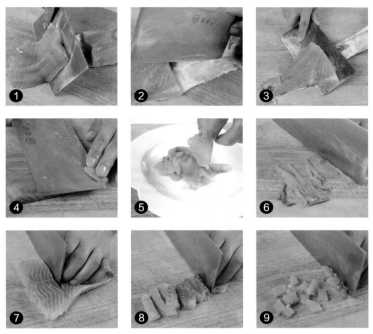

　　鱼肉中间切一刀，用平刀片入（图1），鱼皮切一刀口（图2），将另一半鱼肉片下（图3），斜刀片鱼肉（图4），成均匀的鱼片（图5）；也可把鱼片切成丝（图6）；或把鱼肉切成块（图7），改切成条（图8），再切成丁（图9）。

　　把净鲤鱼肉用清水浸泡并洗净（图10），用刀背直接在鱼肉表面刮取（图11），即为细腻的鱼肉蓉（图12）；或者把鱼肉切成细条（图13），再切成黄豆大小的粒（图14），然后用刀将鱼粒剁成鱼蓉即可（图15）。

鳜鱼收拾

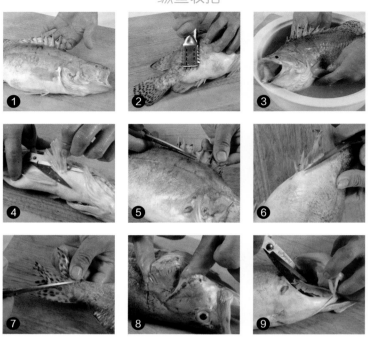

　　鳜鱼脊背有12根背鳍刺，有毒腺分布，加工时要注意安全（图1），收拾鳜鱼时要先刮净鱼鳞（图2），洗净（图3），剪去胸鳍（图4），剪去背鳍（图5），去除臀鳍（图6），修剪尾鳍（图7），掰开鱼嘴（图8），再剪去鱼鳃（图9）

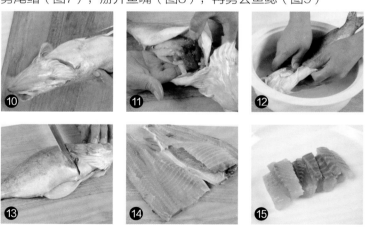

　　从鳜鱼肛门处开始，用剪刀将鱼肚剪开（图10），掏出鱼的内脏和杂质（图11），彻底冲洗干净（图12），控净水分，切下鱼头、鱼尾（图13），剔去鳜鱼骨刺（图14），再根据菜肴要求加工成形即可（图15）。

鳜鱼花刀

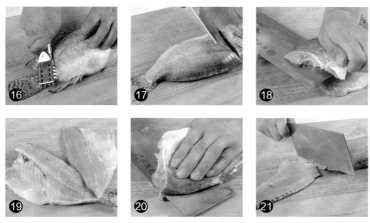

鳜鱼去掉鱼鳞、内脏（图16），切下鱼头（图17），用平刀法从鱼背部片开（图18），直至鱼尾（图19），翻面，把另一侧鱼肉片开（图20），剁去中间脊骨（图21）。

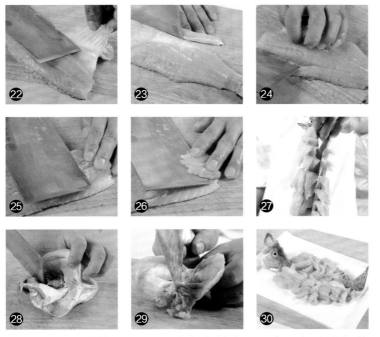

从鳜鱼胸刺根部入刀，片去胸刺（图22），切去腹部薄肉（图23），在鱼肉剞上刀距2厘米的直刀纹（图24），再斜剞上刀距2厘米的刀纹（图25），一直切到鱼尾处（图26），抖散成松鼠鱼花刀（图27）；把鱼头去掉硬骨（图28），用刀尖剁开成两半（图29），与鱼身一起制作松鼠鳜鱼（图30）。

武昌鱼收拾

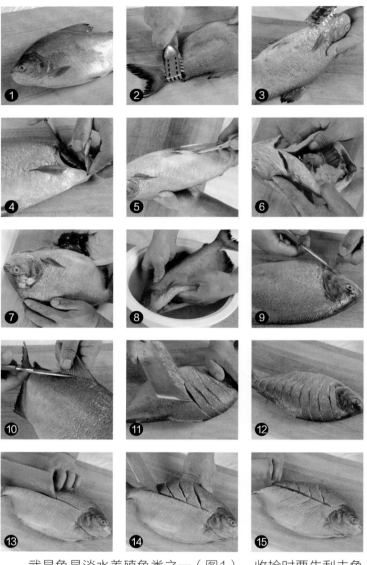

武昌鱼是淡水养殖鱼类之一（图1）。收拾时要先刮去鱼鳞（图2），尤其鱼腹部要刮净（图3），剪去鱼鳃（图4），剪开鱼腹（图5），扒开（图6），去掉内脏、黑膜（图7），用清水洗净（图8），剪去胸鳍（图9），去掉背鳍（图10），用斜刀法在鱼肉表面剞上一字花刀（图11），刀纹间距1厘米，为武昌鱼月牙形花刀（图12）；或者在鱼中部顺长直切一刀（图13），再顺直刀一侧剞上刀纹（图14），另一侧也剞上刀纹，即为柳叶形花刀（图15）。

黄鱼加工

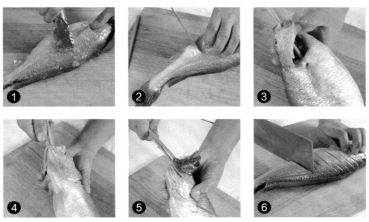

加工黄鱼时要刮净鱼鳞（图1），肛门处切一刀（图2），用筷子从鱼嘴中伸入腹中（图3），顺时针转几圈（图4），顺势取出鱼鳃和内脏（图5），洗净，剞上一字刀即可（图6）。

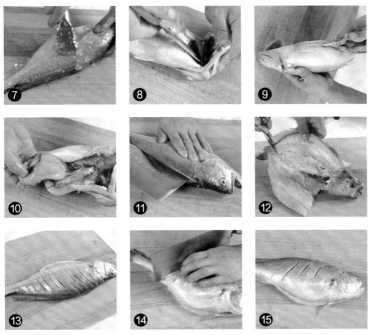

或者把黄鱼刮去鱼鳞（图7），去掉鱼鳃（图8），剖开鱼腹（图9），去掉内脏等（图10），洗净，从黄鱼脊背处片开（图11），去掉鱼骨（图12）；或者在黄鱼两面剞上斜一字形刀纹，刀纹间距1厘米（图13），称为一指刀；如果刀纹间距为2厘米（图14），可以称为二指刀，如图所示（图15）。

鳝鱼生出骨

将鳝鱼摔晕，在颈骨处切一刀（图1），头部用小钉钉在案板上（图2），用小刀横切一刀（图3），再把刀尖插入鳝鱼背部（图4），沿鳝鱼脊骨划开（图5），再将另一侧的脊骨划开（图6），直至尾（图7），剁去脊椎骨（图8），去掉鱼肠（图9），去除内脏等（图10），剁去鳝鱼头（图11），切去鳝鱼尾（图12），放入清水盆内，加入精盐、白醋拌匀（图13），反复搓洗干净（图14），捞出鳝鱼，换清水洗净，沥净水分，即可根据菜肴要求切成条块（图15）。

鳝鱼熟出骨

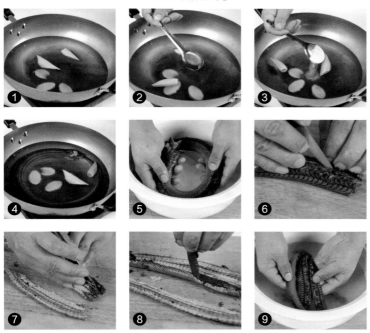

　　锅内加入清水、葱姜（图1），加入料酒和米醋（图2），放入精盐煮沸（图3），下入鳝鱼烫熟（图4），捞出，洗去黏液（图5），剁去鱼头，从颈部下刀（图6），沿脊骨从头至尾划开（图7），去除鱼骨等（图8），洗净即可（图9）。

鳝鱼肉刀工

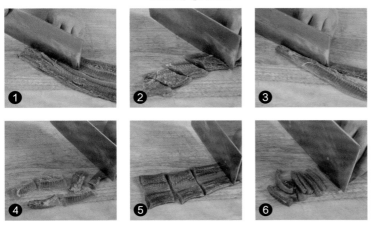

　　鳝鱼肉切成两半（图1），用直刀斜切成菱形块（图2）；或者把鳝鱼肉切成长条（图3），用直刀切成小块（图4）；或者把鳝鱼肉切成长段（图5），再切成小条或丝即可（图6）。

鳗鱼加工

鳗鱼肉质细嫩，清香适口（图1）。加工时在鳗鱼咽喉处切一刀（图2），肛门处割一刀（图3），用筷子插入（图4），卷出内脏（图5）。也可把鱼嘴剪开（图6），去掉鱼鳃（图7），剪开腹部（图8），取出内脏，洗净（图9），表面剞上花刀（图10），逐成盘龙鳗鱼（图11），或者剁成块（图12）。

鲈鱼加工

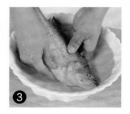

鲈鱼营养价值高且口味鲜美（图1），加工时先刮去鱼鳞（图2），用清水洗净（图3）。

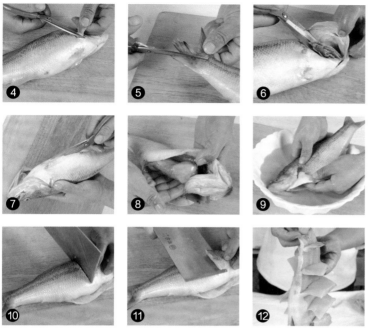

　　剪去胸鳍、鳃鳍（图4），修剪鱼尾（图5），去除鱼鳃（图6），顺长剪开鱼腹（图7），掏出内脏和杂质（图8），用清水洗净（图9），用直刀在鱼肉表面剞上一刀直至鱼骨（图10），用平刀法片进深2厘米（图11），把鱼肉片翻起，在每片肉上都剞上一刀，即为鲈鱼翻刀形花刀（图12）。

乌鱼蛋加工

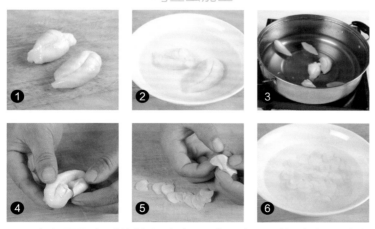

　　乌鱼蛋是乌贼的缠卵腺（图1）。加工时把乌鱼蛋洗净（图2），放入锅内焯烫（图3），捞出，剥去外膜（图4），把乌鱼蛋一片一片地剥开（图5），用清水洗净即可（图6）。

129

草鱼加工

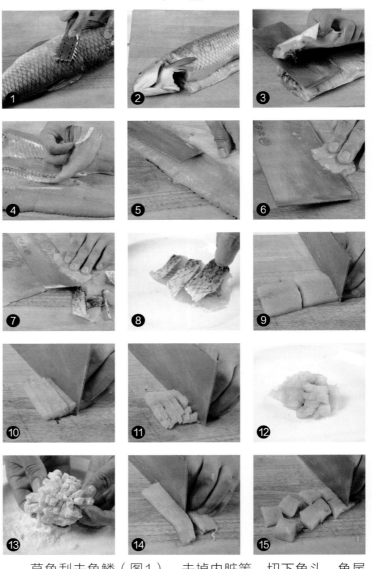

　　草鱼刮去鱼鳞（图1），去掉内脏等，切下鱼头、鱼尾（图2），从草鱼背部下刀（图3），将鱼片成两半，剔去脊骨（图4），去除骨刺成带皮净鱼肉（图5）；用斜刀片至鱼皮（图6），再用斜刀片至鱼皮并切断（图7），而成为蝴蝶鱼片（图8）；或者把鱼肉切成大块（图9），用直刀剞上一字刀纹（图10），与一字刀相交剞上花刀（图11），花刀深度为鱼肉的4/5（图12），蘸上淀粉，即成菊花形花刀（图13）；或者把草鱼肉切成长条（图14），再切成鱼块即可（图15）。

甲鱼收拾

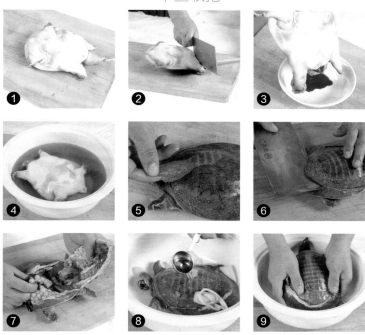

　　筷子插入甲鱼嘴内（图1），拉伸出脖子并切开（图2），放净甲鱼血（图3）；把甲鱼放入沸水锅中烫一下（图4），捞出，撕去外膜（图5），切开甲鱼盖（图6），去掉内脏、杂质（图7），加上葱姜、料酒（图8），再洗净即可（图9）。

甲鱼去腥

　　从甲鱼内脏取出胆囊（图1），把胆汁挤在碗内（图2），加入清水调匀（图3），把胆汁涂抹在净甲鱼全身（图4），稍等片刻，再用清水洗净（图5），可以去除甲鱼腥膻（图6）。

鲫鱼加工

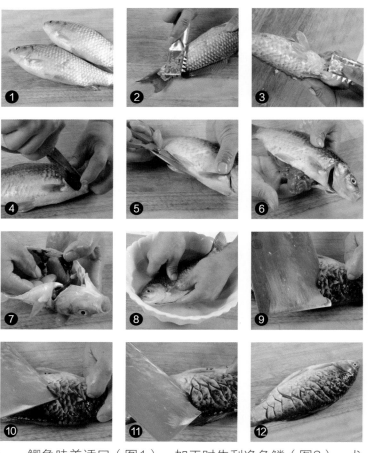

鲫鱼味美适口（图1）。加工时先刮净鱼鳞（图2），尤其是鱼腹部要刮净（图3），剪去鱼鳃（图4），顺长剪开鱼腹（图5），掏出鲫鱼内脏（图6），去掉黑膜（图7），漂洗干净（图8），在鱼身上侧剞一刀（图9），鱼腹剞一刀（图10），依次剞完（图11），即为鱼鳞形花刀（图12）。

鲳鱼加工

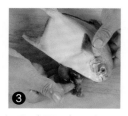

把鲳鱼剪去鱼鳃（图1），顺长剪开鱼腹（图2），扒开鲳鱼鱼腹，去掉内脏和杂质（图3）。

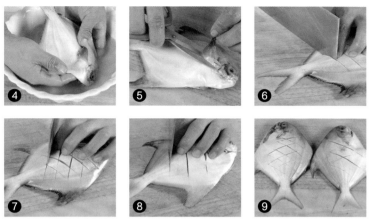

把鲳鱼洗净（图4），剪去鱼鳍（图5），用直刀斜剖上一字花刀（图6），再剖上与之相交的花刀（图7），刀纹间距依鱼的大小而定（图8），即为交叉十字形花刀（图9）。

泥鳅加工

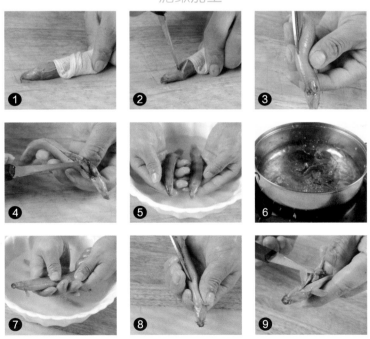

泥鳅拍晕，用洁布包上（图1），在泥鳅咽喉部切一刀（图2），从肛门处向前剪开（图3），除去内脏（图4），并注意别弄破鱼苦胆，冲洗干净即可（图5）；也可以把泥鳅直接倒入热水锅内烫死（图6），取出，洗去黏液（图7），也从肛门处剪开（图8），去掉内脏（图9），清洗干净即可。

大虾加工

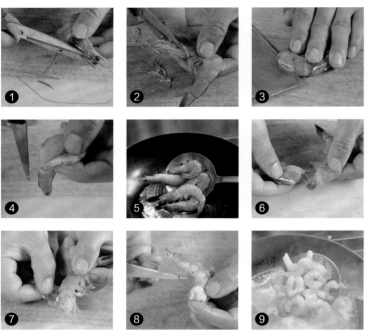

　　用剪刀剪去虾枪（图1），去除虾须、步足（图2），从大虾脊背处片开（图3），去掉虾线（图4），洗净，再制作成菜（图5）；或者把大虾去掉虾头（图6），剥去外壳（图7），挑除黑色虾线（图8），洗净，再烹制成菜即可（图9）。

凤尾大虾

　　大虾去除虾头（图1），剥去外壳（图2），留下大虾尾（图3），从大虾脊背处片开（图4），但要腹部相连，挑去虾线(图5)，然后将虾肉压平，用刀背捶剁几下即可（图6）。

熟取蟹肉

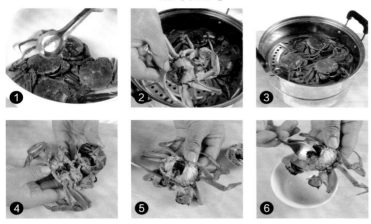

　　螃蟹刷洗干净，加上白酒稍腌（图1），把螃蟹鳃内加上花椒（图2），放入蒸锅中蒸至熟（图3），取出螃蟹，揭开蟹壳（图4），去掉蟹鳃等（图5），用小勺取蟹肉即可（图6）。

生取蟹肉

　　螃蟹刷洗干净，加上白酒稍腌（图1），用刀面将螃蟹拍晕（图2），加上热水稍烫（图3），取出，揭开蟹盖（图4），去掉杂质（图5），剪下大钳（图6），把螃蟹剪成两半（图7），挑出蟹肉（图8），把大钳剁去两端，捅出蟹肉即可（图9）。

海参涨发

干品海参是比较名贵的滋补食材（图1），其在制作菜肴前需要进行涨发。涨发干品海参时，需要把海参放入干净器皿中（图2），加入适量的热水浸泡12小时，捞出海参，放入清水锅中（图3），用小火煮至海参全部回软（图4），捞出海参，放入温水中，反复搓洗干净（图5），取出海参，用剪刀顺长剪开海参腹部（图6），去除环形骨板（图7），去掉参肠和内脏等（图8），再放入清水锅中焖煮，直至海参完全涨发即可（图9）。

海参加工

水发海参一般多切成菱形块或条状。加工水发海参时，要先把水发海参收拾干净，把水发海参切成两半（图1），再顺长切成长条（图2）；切菱形块时要取整个水发海参，用坡刀法片成菱形块即可（图3）。

鱿鱼收拾

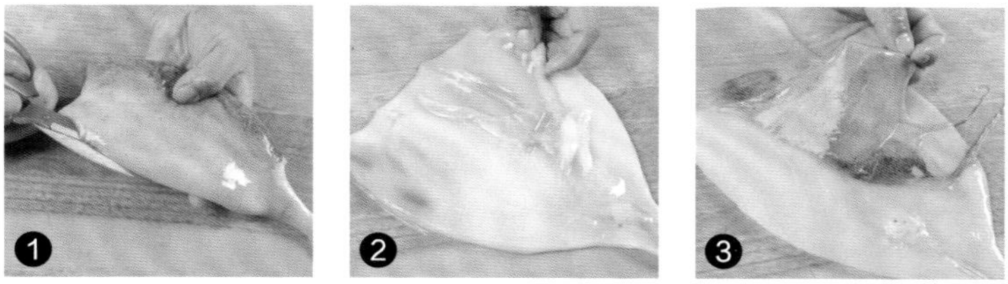

把去掉须尾和内脏的鱿鱼洗净，从中间剪开（图1），去掉薄膜和杂质（图2），翻面，撕去外膜即可（图3）。

鱿鱼须尾加工

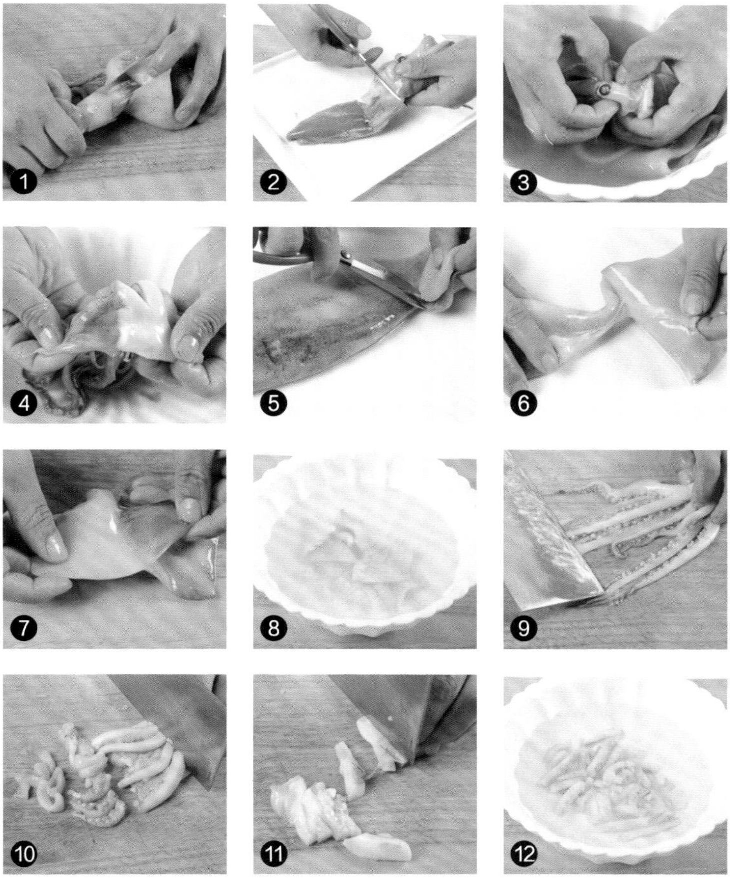

拽住鱿鱼须，顺势取出内脏（图1），剪去内脏（图2），挤去鱼眼（图3），撕去须干黑膜（图4），鱿鱼尾部切一刀（图5），撕下鱿鱼尾（图6），剥去外膜（图7），剞上花刀，洗净（图8）；刮净鱿鱼须（图9），切成小段（图10），鱿鱼须干部分，切成条（图11），用清水浸泡即可（图12）。

鱿鱼花刀

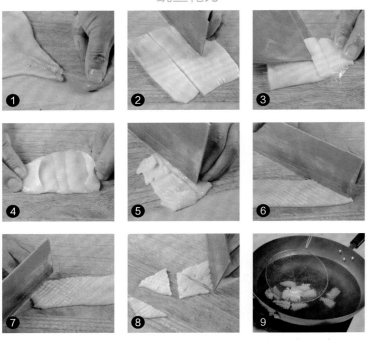

把鱿鱼去掉内脏，剥去外层薄膜，去掉杂质（图1），用清水漂洗干净，擦净表面水分，放在案板上，先切成长条状（图2），在一端斜着拉剞上两刀（图3），相反方向再剞上两刀（图4），再用直刀剞上刀纹（图5），即为灯笼形鱿鱼花刀；或者用直刀在表面剞上斜一字刀纹（图6），转个角度后用直刀继续推剞（图7），切成三角形（图8），放入沸水锅内，用旺火快速焯烫一下（图9），捞出鱿鱼，过凉，即为荔枝鱿鱼花刀（图9）。

墨鱼花刀

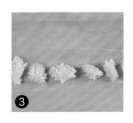

把墨鱼剪开，去掉内脏等杂质，撕去外膜（图1），放入清水中浸泡并洗净，取出墨鱼，沥净水分，放在案板上，在表面剞上各种花刀（图2），放入沸水锅内焯烫一下，捞出墨鱼，过凉，即为墨鱼花刀（图3）。

蛤蜊加工

蛤蜊放入清水中洗净（图1），放入锅中稍煮（图2），煮至蛤蜊开口（图3），捞出，过凉（图4），沥水，去掉外壳，取出蛤蜊肉（图5），去掉杂质，用清水洗净即可（图6）。

蛏子取肉

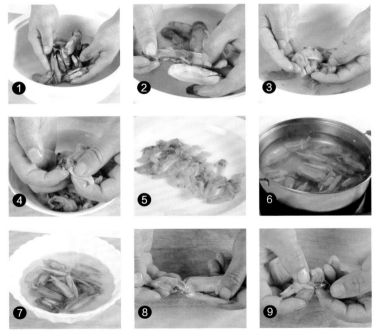

蛏子洗净（图1），撬开外壳，取蛏子肉（图2），放入淡盐水中浸泡（图3），去掉内脏等（图4），即为生取蛏子肉（图5）；或者把蛏子放入沸水锅中焯至开口（图6），捞出，洗净（图7），去除外壳（图8），即为熟取蛏子肉（图9）。

扇贝收拾

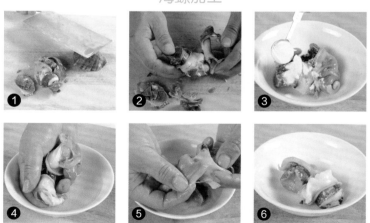

扇贝肥嫩鲜美（图1）。加工时用小刀伸进壳内（图2），划断贝壳内的贝筋（图3），用刀贴着底部（图4），取出扇贝肉（图5），剔除内脏（图6），放入淡盐水中浸泡（图7），捞出，加入淀粉搓洗干净（图8），换清水洗净即可（图9）。

海螺加工

用刀背砸开海螺外壳（图1），取出海螺肉（图2），加入精盐和面粉（图3），反复揉搓（图4），去除表面黏液，换清水漂洗干净（图5），再根据菜肴要求加工成形即可（图6）。

饮食科学

DIET SCIENCE

第四课

煎炒烹炸
技法要入门

第四课 煎炒烹炸 技法要入门

拌菜

拌菜是把各种生料或熟料，加工成为较小的丁、丝、片、块、条或特殊形状，加入各种调味品拌制而成。拌菜具有用料广泛，制作精细，味型多样，品种丰富，开胃爽口，增进食欲等特点，是家庭中比较常见的凉菜烹调技法之一。

拌菜分类

生 拌

生拌是利用可生食的食材，经过洗涤、刀工处理，加入调味料拌制而成。生拌菜十分方便，营养价值也高。用此方法可做生拌白菜、生拌黄瓜丝、糖醋萝卜丝、生拌水果等菜肴。

熟 拌

熟拌是先把各种生的食材加工成熟，凉凉，改刀成形，加上其他配料和调味料拌制而成。用此方法可做熟拌肚丝、熟拌百叶、熟拌鸭丝、熟拌腰花等菜肴。

温 拌

温拌是把加工好的食材，先用沸水焯烫一下，取出，沥水，趁热加上配料和调味料拌制而成。用此方法可做温拌荷兰豆、温拌杏仁、温拌芦笋等菜肴。

荤 拌

荤拌是利用可食性生鲜食材和经过熟制的各种荤料，经过刀工处理，加上多种调味料拌制而成。用此方法可做拌鸡丝粉皮、酱肉拌黄瓜、拌鸡丝洋粉等菜肴。

食材

茄子
500克

洋葱
50克

紫苏
30克

调料

葱末、姜末
各15克

蒜末
10克

精盐、花椒油
各2小匙

味精
1/2小匙

白糖
1大匙

酱油、米醋
各2大匙

芝麻酱
4大匙

蚝油、香油
各少许

酱拌茄子

制作步骤

1 将茄子置于小火上烤至熟，离火，放入清水中浸泡片刻，捞出茄子，撕去外皮，撕成条状。

2 将洋葱去皮，用清水洗净，切成细丝；紫苏择洗干净，切成小条（或细丝）。

3 芝麻酱放入大碗中，先加入香油、米醋搅匀，再加入酱油、精盐、白糖、蚝油和味精调拌均匀成酱汁。

4 酱汁碗内加入茄子条，淋入花椒油，放入洋葱丝、紫苏条、葱末、姜末、蒜末搅拌均匀，装盘上桌即可。

炝菜

炝菜是把加工成丝、片、条的生料，焯水或过油后捞出，用挥发性的调味品，如花椒油、芥末、胡椒粉、酒等调制菜肴，使其入味的方法。炝菜选料比较精细，最好在食用前30分钟炝制，使味汁浸入食材内部，达到清香麻鲜的效果。

炝拌有区别

拌和炝是凉菜常用的烹调技法，也可以说在烹调技法上算是孪生一对，有很多相似之处，一般人都分不出它们有什么区别，其实拌和炝的区别还是比较明显的，主要有以下几点。

首先拌菜和炝菜在选料的性质上有所不同。炝菜的选料讲究较高的鲜活度，如新鲜的猪腰、鲜活的鱼、鲜活的虾、新鲜的冬笋等；而拌菜对选料的要求不如炝菜的要求高。

二是拌菜和炝菜在调料上有所不同。炝菜的调料通常具有辛辣味、刺激性、挥发性，如白酒、米酒、胡椒粉、辣椒油、花椒、芥末、大葱、姜块、蒜瓣等；而拌菜的调料就不这么讲究了，基本上就是精盐、米醋、生抽、美极鲜、味精等，显得比较平常。

最后一点的区别，就是制作拌菜和炝菜的时间段上有不同。所谓炝，有抢时间、抢速度进行操作的意思。通常是将食材进行刀工处理后，再用沸水焯、过油等方法加工至断生，趁热炝入特定的调味料，使其形成一定的风味菜肴，现炝现食。而拌菜就无须这种抢时间意识，无论拌什么食材，总是可以慢悠悠的，不讲究现拌现食。

炝菜小窍门

制作炝菜要讲究刀工，除了通常采用丝、条、片、丁、块等形状外，还可以采用剞、刻、剁等刀法，使菜形呈丰富多样的花色，也可以增进食欲。

在制作炝菜时，如小黄瓜、胡萝卜等要先用精盐腌渍一下，再挤出适量水分，再加入其他调味料炝制成菜，不仅口感较好，调味也会均匀。

食材

白萝卜
200克

胡萝卜
120克

土豆
100克

调料

精盐
2小匙

白糖
1大匙

米醋
2小匙

花椒油
4小匙

炝拌三丝

制作步骤

1　白萝卜去根，削去外皮，洗净，切成细丝；胡萝卜、土豆分别去皮，洗净，也切成细丝。

2　净锅置火上，加入适量清水烧沸，分别下入白萝卜丝、胡萝卜丝、土豆丝，快速焯烫一下至熟透，捞出三丝，过凉，沥净水分。

3　把白萝卜丝、胡萝卜丝和土豆丝放入容器内，加入精盐、白糖、米醋拌匀，淋入烧至九成热的花椒油搅拌均匀，装盘上桌即可。

卤菜

卤菜是家庭以及餐饮行业使用最为广泛的烹调方法之一。卤是指将加工处理后的大块或整个食材，放入烧煮好的卤汁锅内，加热煮熟或煮烂，使卤汁的鲜香滋味渗透入食材内部的一种烹调方法，成菜具有清香味美，风味独特等特点。

白卤和红卤

卤菜是由各种香辛调味料制成的卤液加工制成的，卤液中的香辛调味料，经过煮制后会产生一种特殊的香味，而且随着时间的推移、香味调料的增多，卤过的食材越广，卤液的香味就会越浓厚，成品的口味就越好。这也是卤菜香气浓郁、诱人食欲的主要原因之一。

卤菜的品种很多，各地的制作工艺也不尽相同，制作卤液的调料配比也有差异，但主要分为白卤和红卤两大类。

白卤是把香料包、葱姜、精盐和鸡骨等放入清水锅内，用旺火烧沸，再用中火熬煮约30分钟至汤汁乳白，捞出骨头、葱姜和香料包，除去卤汁内杂质即成。

红卤是先把鸡肉、猪骨等熬煮成浓汤，再放入酱油（或红曲米、糖色）、精盐、冰糖、料酒、葱姜和香料包等，继续用小火熬煮至汤汁浓稠，出锅，过滤去掉杂质而成。

制作好的卤液，用的次数越多，保存的时间越长，其质量越好，味道越佳，原因是卤液内所含的可溶性蛋白质等鲜味物质越来越多而形成的。在卤液的各种食材中，其口味相互补充，逐渐形成了卤味菜肴的特有风味，因此制作好的卤液要妥善保管，注意不要变质。

卤菜小窍门

卤制的食材该洗净的要洗净，该切除的要切除，该焯水的要焯水，一定要把动物性食材中的血污、杂物彻底清除干净，以确保卤味菜肴的风味特色。

每次卤制食材后，特别是荤料，不免有血污、浮沫和油污等，都需要用手勺把这些杂物撇净，否则下次再使用，卤液不清，容易上色，夏天卤液还容易变质。

虎皮鹌鹑蛋

食材

鹌鹑蛋
500克

调料

桂皮
1小块

八角
3个

葱花
10克

姜末
15克

精盐
1小匙

味精
1/2小匙

酱油
1大匙

植物油
适量

制作步骤

1 将鹌鹑蛋洗净，放入清水锅中烧沸，用中火煮约5分钟至熟，取出鹌鹑蛋，过凉，剥去外壳。

2 锅置火上，加入少许植物油烧热，放入八角、桂皮、葱花、姜末煸炒出香味，加入酱油、精盐及适量清水煮10分钟，加入味精调匀，离火，凉凉成卤味汁。

3 净锅置火上，加入植物油烧至六成热，放入熟鹌鹑蛋炸至上色，捞出鹌鹑蛋，沥油，放入卤味汁内浸泡45分钟至入味，食用时捞出，直接上桌即可。

酱菜

酱菜是冷菜中不可缺少的烹调技法之一。比较常见的酱菜是把各种香辛料、酱油、精盐、料酒等放入锅内煮制成酱汁，放入加工好的食材进行酱制。除此之外，酱菜还有些比较特殊的酱制方法，如酱汁酱法、蜜汁酱法、糖醋酱法等。

酱的分类

酱的方法最早是指用酱腌渍食材，为腌制方法的一种，如宋元时期的酱蟹，是将活蟹加上酱油等调味品腌渍而成。至明清时期，酱法渐多，有的把食材用酒、酱、精盐、花椒等腌渍入味，风干后或蒸、或煮、或煨熟食用，如酱蹄、酱鸡等；也有将食材蒸熟后压干水分，放入酱油等调味料中浸泡而成，如酱茄、酱麻菇等；还有把食材晾干，加入酱油、花椒等腌渍几天后煮熟，如酱油鸭等。此后酱的方法逐渐演变，并成为现在的酱法。

酱汁酱法

酱汁酱法是在常用酱制方法的基础上，用红曲米着色，白糖的使用量要增加。制作时先用白糖、其他调味料把食材酱制成熟，出锅。锅内剩余的酱汁再放入少许白糖，继续熬煮至汤汁浓稠，出锅，倒在容器内，食用前均匀地涂抹在食材表面即可，成品富有光泽，甜香入味。

蜜汁酱法

蜜汁酱法是将食材先切成块，加入精盐、酱油和料酒等腌制，然后过油炸至上色，放入汤锅内，加入白糖、五香粉、红曲米、糖色等酱制成熟。蜜汁酱法的成品色泽红褐，酱汁浓稠，口味鲜美，甜中带咸。

酱菜小窍门

餐饮业有一句俗语，为"缺什么补什么，缺多少补多少"，意思是说汁少加水、口淡加盐、色淡加酱油（或老抽、糖色等）、香味淡更换新的香辛料。

酱制前要对食材进行初步处理，如焯水等，以免影响酱汁的色泽及成品的色泽及口味；另外酱制过程中要及时撇去酱汤中的血污及浮沫，保持酱汤的清澈。

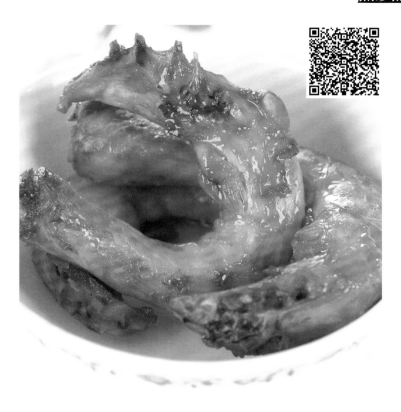

香辣鸭脖

食材

鸭脖
500克

调料

葱段、姜片
各15克

香叶
5片

丁香、砂仁
各5粒

花椒
5克

桂皮
1大块

八角
4个

豆蔻
2粒

干红辣椒
10克

小茴香
少许

精盐、白糖
各1小匙

料酒
4大匙

红曲米、香油
各2小匙

制作步骤

1 将鸭脖去除杂质，用清水洗净，沥净水分，放入容器中，加入葱段、姜片和精盐拌匀，腌渍30分钟。

2 锅置火上，放入少许葱段、姜片，加入香叶、砂仁、豆蔻、小茴香、花椒、丁香、八角和桂皮炒香，放入料酒、白糖、红曲米、干红辣椒和适量清水煮至沸。

3 用中火熬煮30分钟成酱汁，放入腌好的鸭脖，用旺火酱煮20分钟至鸭脖熟透，取出鸭脖，凉凉，表面刷上香油，直接上桌即可。

腌菜

腌菜是将食材浸入调味的卤汁中，或用调味品涂抹、拌匀，以排除食材内部的部分水分，使其入味的方法。腌的方法同拌菜有些相似，但制作时间长，一般适用于肉类和蔬菜类食材，成菜有鲜嫩清脆，食之利口，口味浓郁等特点。

腌菜分类

盐 腌

盐腌是将食材用盐擦抹或放入盐水中浸渍，使食材水分溢出，再根据食材的性质和口味的要求，加入其他调味料调匀即可。我们常说的咸菜，基本上都是采用盐腌的方法加工制作而成。

醉 腌

醉腌是以精盐和酒作为主要调味料的腌制方法。一般是把食材用酒和精盐进行浸泡，到一定时间后即可食用。用此方法可加工制作一些独特风味的腌菜，如醉虾、醉黄鱼、腌鲜蛋等。

糟 腌

糟腌是以精盐和香糟作为主要调料的腌制方法。一般先将食材用盐腌渍，再用香糟汁浸渍入味而成。糟腌食材除了各种蔬菜外，也可用于肉类的腌制。

糖醋腌

糖醋腌是先把各种食材，比如蔬菜等经过盐腌渍后，浸入调制好的糖醋味汁内，使制品具有甜酸可口的特点，并利用糖醋的防腐作用延长制品的保存时间。

腌菜小窍门

家庭在选择腌菜容器时，如果腌制数量比较多，保存时间长，一般适宜用缸腌制。如果腌制半干咸菜，如香辣萝卜干、五香大头菜等，一般应用坛子腌制，因为坛子肚大口小，便于密封。对于腌制数量很少，时间短的腌菜，也可用小盆、盖碗等。

腌菜的温度是制作腌菜的关键之一，一般不能超过20℃，否则腌菜会很快腐烂变质、变味。这里需要注意，冬季腌菜要保持一定温度，一般不得低于零下5℃，最好在2～3℃为宜。温度过低会使腌菜受冻，也会变质、变味。

自制朝鲜泡菜

食材

大白菜
1棵

韭菜
15克

苹果
1个

鸭梨
1个

调料

大蒜
50克

姜块
75克

辣椒粉
250克

蜂蜜
4大匙

精盐
2小匙

制作步骤

1　大蒜剥去外皮，用清水洗净；韭菜洗净，切成碎末；鸭梨、苹果洗净，削去外皮，去掉果核，切成小块。

2　把苹果块、鸭梨块放入搅拌机内，加入蜂蜜、精盐打成碎末，加入大蒜瓣、姜块和韭菜末，再次搅打均匀，取出，倒入容器内，放入辣椒粉拌匀成辣椒酱。

3　大白菜洗净，擦净水分，顺长切成两半，再顺长切成条，把辣椒酱均匀地涂抹在大白菜条上，码放入容器中，盖上盖，置于阴凉处腌7天，食用时取出，切成小块即可。

151

熏菜

熏菜是将熏味料放入铁锅内，放上铁箅子，摆入加工好的食材，盖上锅盖后烧焖几分钟，待锅内浓烟冒出时，离火，再焖几分钟即可。熏菜是冷菜制作时最常使用到的三大烹调方法之一（酱、熏、卤），成菜具有色泽美观，口味浓香的特点。

熏菜历史

熏源于史前的火熟法时期，原是一种古老的贮藏食品的方法。先秦时期，熏这个字已经出现，并且屡见于古籍，但尚未直接与菜肴挂起钩来。汉魏六朝时期，直接用熏命名的菜肴还

没有出现，但在以"炙"命名的菜中，却有着与后来熏相当接近的品种，如《齐民要术》中收录的"炙鱼"，是把白鱼切块，放入调味品中腌渍后炙成的，炙时以"杂香菜汁灌之"，用现在的话来讲，实际是边烤边熏。至元代熏字开始见于食谱，但仍属于制作半成品的方法，如"腊猪法"等。

到了明清两代，以熏命名的菜肴大量出现，如熏鸡、熏豆腐、熏笋、熏鲫鱼、熏面筋、熏煨肉、五香熏鱼等，此时熏制技法已趋于完善，成为独立的烹调方法。古籍菜肴中提到的熏，绝大多数通过烟熏制而成，但也有极个别的，命名为熏的菜肴不经过烟熏，严格地讲，它们与卤法更为接近，把它们命名为熏菜，是因为熏的引申义为用气味浸袭，这样把制作成熟的食材浸泡在卤汁内所制成的所谓熏菜，是指食材浸有卤汁的味道罢了，严格来说，就不是真正意义上的熏菜了。

熏菜小窍门

制作熏菜必须要先入味而后熏，其主要特点是改变食材的色泽和特有的香味，一般没有口味和鲜味的变化，所以熏的食材应该在熏制前要做到食材熟，有口味，无色或浅色。

熏菜使用的食材，在放入锅内熏制时，不能带有水分。如有水分，食材色泽不好上，而且也不均匀，熏锅更不好刷洗。所以熏制前应把食材上的水分擦掉，再放入熏锅内熏制。

烟熏素鹅

食材

油豆皮
200克

水发香菇
50克

冬笋、胡萝卜
各30克

水发木耳
15克

锅巴、茶叶
各少许

调料

精盐
少许

白糖
2小匙

胡椒粉、酱油
各1小匙

料酒、水淀粉
各1大匙

植物油
适量

制作步骤

1　水发香菇、冬笋、胡萝卜、水发木耳分别择洗干净，均切成细条，放入烧热的油锅内炒匀，加入料酒、酱油、精盐和少许清水烧沸，用水淀粉勾芡，出锅，凉凉成馅料。

2　容器内加入酱油、白糖和清水搅匀，放入油豆皮浸泡一下，捞出，沥水，放上馅料，卷成卷成素鹅生坯。

3　把锡纸折好，放入锅巴、茶叶、白糖、胡椒粉包严，放入熏锅内，架上箅子，摆入素鹅卷生坯，盖上盖，置火上烧至冒烟，关火后闷10分钟，取出素鹅，切成条即可。

炒菜

炒菜是将食材放入烧热的油锅内，以旺火迅速翻拌，调味、勾芡或不勾芡，使食材快速成熟的一种烹调方法。有些特殊的炒法，如抓炒、软炒等并不是严格按照这样的原则操作的。炒菜要求旺火速成，紧汁包芡，光润饱满，清鲜软嫩。

炒菜分类

清 炒

清炒是把经过初步加工的各种食材，经过腌味、油滑等步骤后，再放入热油锅内，用旺火急速翻炒至熟的一种炒法。

滑 炒

滑炒是将食材先上浆，用热油滑熟，或放入沸水锅内氽至断生，再放入少量油锅内，用旺火迅速翻炒，最后勾芡或烹汁的一种炒法。

生 炒

生炒要求把加工好的生料直接下锅，既不用事先腌制，也无须上浆、挂糊，在锅内调味，用旺火热油，快速煸炒至肉类食材变色、蔬菜食材成熟即可。

熟 炒

熟炒是先把经过初步加工的熟料，改刀切成片、丝、丁、条等形状，不腌味、不上浆，放入烧热的油锅内，加上配料和调味料炒至入味即可。

软 炒

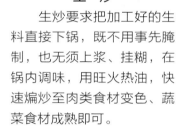

软炒又称推炒，是把食材加工成比较小的形状，放入液体食材（如牛奶、鸡蛋清等）内拌匀、调味，再用中火热油匀速翻炒，使其凝结成菜的一种炒法。

煸 炒

煸炒是将切好的食材用中火加热煸炒，使食材脱水成熟，再加入调味料等继续煸炒，使调味料充分渗入食材内，成菜达到干香、酥软的一种炒法。

爆 炒

爆炒就是将小块脆嫩食材，先放入油锅中，用旺火快速加热至断生，捞出后加入配料和调料，快速翻炒均匀的一种炒制方法。爆炒与滑炒很相似，都是旺火速成，区别是爆炒在加热时油温更高，因为选用的是脆性食材，所以爆炒菜肴口感脆嫩，而滑炒菜的口感是更为滑嫩。

油渣土豆丝

食材

土豆
400克

五花肉
100克

韭菜
50克

调料

干红辣椒
10克

姜块
15克

蒜瓣
10克

精盐
1小匙

酱油
2小匙

白糖
少许

制作步骤

1 土豆去皮，洗净，切成细丝，放入清水中洗净，捞出，沥水；韭菜去根和老叶，洗净，切成小段。

2 五花肉去掉筋膜，洗净，切成小块；蒜瓣去皮，切成片；姜块洗净，切成小片；干红辣椒洗净，切成小段。

3 净锅置火上烧热，下入五花肉块，用中火不停煸炒至肉块出油、干香，放入干红辣椒段、蒜片、姜片炒出香辣味。

4 下入土豆丝，用旺火翻炒至近熟，加入酱油、精盐、白糖，放入韭菜段炒至熟，出锅装盘即可。

炸菜

炸菜是把食材放入热油锅内炸制，使食材成熟的一种烹调方法。炸菜要求用油量多，油温高低视所炸的食物而定。用这种方法加热的食材，大部分要复炸两次。另外炸的食材加热前一般需要调味，或者炸熟后带调味品一起上桌蘸食。

炸菜分类

软 炸

软炸是将质嫩和形状较小的食材，加入调味品拌匀、腌渍，挂匀糊，放到油锅中炸至外皮松脆、内部软嫩的一种炸法。

干 炸

干炸是先把食材经过刀工处理，再加入调味料拌匀，放入淀粉等挂糊，用旺火热油炸至食材成熟的一种炸法。

包 炸

包炸是先把食材加工成片、条、丝、粒等，用调味品腌渍，再用其他食材(如豆腐皮、鸡蛋皮等)包裹起来，放入油锅里炸至熟香的一种炸法。

香脆炸

香脆炸是将带皮动物性食材，如仔鸡、鸭腿等，先放入清水锅内煮至熟，捞出，刷上一层饴糖，然后吹干，再放入热油锅内炸至呈红色即可。

生 炸

生炸是将洗净的食材经刀工处理后，不挂糊、不上浆，只加入调味品腌渍，直接放入热油锅里，用旺火炸至熟香的一种炸法。

板 炸

板炸是将去骨(或无骨)的小型食材用调味品腌渍，挂匀鸡蛋糊，用小火温油炸至外表金黄、内部软嫩成熟的一种炸法。

酥熟炸

酥熟炸是把加工好的各种食材，先用调味料腌渍入味，再经过或蒸、或煮、或酱、或焖等技法加工成熟，最后放入热油锅里炸制的一种炸法。

蛋清炸

蛋清炸是先把去骨(或无骨)的各种小型食材，加入一些调味品拌匀并腌渍入味，挂匀蛋清糊，用小火温油炸至食材外金黄、内软嫩的一种炸法。

鸡胸肉
300克

香蕉
150克

鸡蛋
2个

面包糠
100克

调料

精盐
2小匙

胡椒粉
1小匙

白葡萄酒
1大匙

淀粉、橙汁
各2大匙

植物油
适量

橙香鸡卷

制作步骤

1 鸡胸肉去除筋膜，用清水洗净，沥净水分，改刀切成片，放入大碗内，磕入鸡蛋（1个），加入白葡萄酒、精盐、胡椒粉拌匀，腌渍10分钟；香蕉去皮，切成小条。

2 碗内磕入鸡蛋（1个），加入淀粉调匀成蛋粉糊；鸡片卷上切好的香蕉条，裹匀蛋粉糊，蘸匀面包糠成鸡卷生坯。

3 净锅置火上，倒入植物油烧至六成热，放入鸡卷生坯，用中火炸至色泽金黄且熟透，捞出鸡卷，沥油，码放在深盘内，浇淋上橙汁，直接上桌即可。

熘菜

熘菜是将调制好的熘汁浇淋在加工成熟的食材上，或把食材投入熘汁中，快速翻拌均匀成菜的一种做法。制作熘菜的主料要经过熟处理，烹调时多用旺火加热，以保持菜肴的焦脆或鲜嫩，一般熘汁比较宽，而炒菜不带或带有少许的汤汁。

熘菜分类

软 熘

软熘是将经过蒸熟或煮（汆）熟的食材放入锅内，加入调味料等，熘至食材入味即成的一种熘法。软熘的食材不经过油炸，而是采用蒸、煮、汆等方法加工成熟，但蒸、煮、汆不能过度，以刚刚熟嫩为佳；此外软熘的汤汁中油分要少，味求清淡，如果用油过多，会影响菜肴的口味。

糟 熘

糟熘是将加工后的食材用鸡蛋清、淀粉等拌匀，用温油滑散，放入炒好的熘汁内（必加香糟汁），颠锅使熘汁均匀挂在食材表面的一种熘法。糟熘与滑熘相近，区别主要在熘汁内放入适量的香糟汁和白糖。

糖 熘

糖熘是将加工好的食材，放入有白糖汁（或冰糖汁、蜂蜜汁等）的锅内熘制而成的一种熘法。糖熘食材主要以水果为主，有时也可用干果和蔬菜等。

焦 熘

焦熘是把主料先挂糊或上浆，再放入油锅内炸至主料外部酥脆、内部软嫩，再把炒好的熘汁浇在主料上，或者与主料一起迅速翻炒均匀而成的一种熘法。

滑 熘

滑熘是先将食材加工成形，经过水滑或油滑至熟，再放入炒好的汁芡锅内炒拌均匀即成的一种熘法。滑熘与滑炒有区别，滑熘菜肴要求汤汁多，用碗盛装上桌。

食材

猪里脊肉
200克

西瓜皮、黄瓜
各75克

青椒、红椒
各25克

水发木耳
20克

调料

葱花、姜片
各10克

精盐
1小匙

淀粉
少许

白糖、胡椒粉
各1/2小匙

香油
1/2大匙

水淀粉
1大匙

植物油
2大匙

双瓜熘肉片

制作步骤

1　西瓜皮去掉青皮，切成小片；黄瓜洗净，切成斜刀片；水发木耳撕成块；青椒、红椒去蒂、去籽，切成菱形片。

2　将西瓜皮片、黄瓜片一同放入大碗中，加入少许精盐拌匀，腌渍出水分。

3　猪里脊肉切成薄片，放入碗中，加入少许精盐、白糖和淀粉拌匀、上浆，下入沸水锅中焯烫一下，捞出、沥水。

4　锅内加入植物油烧热，放入葱花、姜片炒香，加入精盐、白糖、胡椒粉、里脊肉片、水发木耳、西瓜片、黄瓜片、青椒片和红椒片烧沸，用水淀粉勾芡，淋入香油即可。

煎菜

煎菜是先把加工成扁平状的食材平铺入锅，加入少许植物油，用中小火加热，先煎一面，再把食材翻面煎制，也可以两面反复交替煎制，油量以不浸没食材为宜，待两面煎呈金黄色且酥脆时，调味（或不调味），出锅上桌即可。

煎菜分类

干 煎

干煎是一种比较常用的煎法，是把加工成形的食材，腌后不上粉浆，或者将食材切成段或扁平的片，直接放入油锅内煎至成熟。干煎时需要用小火，以防止出现外焦内生的现象。

软 煎

软煎又称煎烧，是将不带骨的肉类食材或豆制品，用刀片成片或块，加入调味料腌渍，裹匀面粉、蛋糊或面包糠等，放入锅内煎至成熟即可，或者再烹入调味汁成菜的一种煎法。

南 煎

南煎又称煎烧，因我国南方地区多用此法而得名。南煎是把主料剁成蓉，加入调味料搅匀，挤成丸子，放入锅内按扁煎至熟，加入调味料和配料烧至酥香成菜。

蛋 煎

蛋煎是先把洗净的各种食材沥净水分，加工成丝、条、丁等小形状，放入鸡蛋液内，加入各种调味料搅拌均匀，再放入热油锅内煎至成熟的一种煎法。

煎菜小窍门

制作煎菜的关键之一是食材要腌渍入味。做法是食材要用精盐、料酒、葱姜汁等腌渍10分钟。需要注意，腌渍时应将味调准，如果太咸，不利于最后调味；太淡又可能使成菜底味不足。

煎制菜肴的食材，不管是块、片还是其他形状，刀工处理时都必须要求形状统一，且大小一致，以便煎制时受热均匀，成菜形态美观。

煎制菜肴的上粉或挂糊也决定菜肴的成败。可先粘上淀粉或面粉，再挂匀鸡蛋液，也可直接挂匀蛋粉糊或面粉糊。无论采用哪种方法，都要挂匀，以保证菜肴的色泽均匀，口感一致。

食材

洋葱
200克

北豆腐
150克

猪肉末
100克

香菜
30克

鸡蛋
1个

调料

姜块
10克

精盐
1小匙

五香粉
1/2小匙

味精
少许

淀粉
3大匙

料酒、香油
各2小匙

植物油
2大匙

生煎洋葱豆腐饼

制作步骤

1 将北豆腐片去表面老皮，先切成大片，再用刀背压成豆腐蓉；洋葱、姜块分别去皮，洗净，均切成细末；香菜择洗干净，切成细末。

2 把猪肉末放入容器内，加入姜末、豆腐蓉和香菜末，磕入鸡蛋，放入精盐、五香粉、少许淀粉、料酒、香油、味精搅匀至上劲成馅料。

3 把洋葱末加入淀粉拌匀，再与馅料一起团成小团，压成饼状，放入热油锅中煎至熟嫩，出锅上桌即可。

烧菜

烧菜是将经过炸、煎、煮或蒸的食材，放入烹制好的汤汁锅里，用旺火烧沸，再转中小火烧至入味，最后用旺火收浓汤汁或勾芡而成。烧菜是最讲究火候的，其运用火候的技巧也是最为精湛的，成品具有质地软嫩，口味浓郁的特点。

烧菜分类

红 烧

根据食材的不同，红烧的做法和要求也不同。一般是把食材经过焯、煮或炸后，放入锅内，加上汤汁和调味料，用中小火烧至熟透，勾芡后出锅即可。

干 烧

干烧是将食材加工成形后，先经过炸、煎等进行处理，再加上配料和调料烧制而成，成菜不用勾芡，在烧制过程中用中小火将汤汁基本收干或汤汁很少，口味偏甜，其滋味渗入食材内部或附在食材表面的方法。

软 烧

软烧是将食材加工成形，不经过炸或煎，直接放入锅内，先用中小火烧制入味，改用旺火收浓汤汁成菜的一种烧法。

酱 烧

酱烧是先把食材加工成条、块等形状，经过炸、煮或蒸成半成品，放入有甜面酱或大酱的调味汁锅内，用中小火烧至酱汁均匀地包裹在食材表面的一种烧法。

葱 烧

葱烧是先把大葱段放入油锅内煸炒至上色，放入加工好的食材和调味料，用中小火烧至入味，最后用水淀粉勾芡即可的一种烧法。葱烧和红烧的方法基本一致，不同之处是以大葱为主要配料使用。

锅 烧

锅烧是把生料（或熟料）加工成形，挂匀鸡蛋糊（或淀粉糊），先经过煎炸等工序，再放入锅内烧至熟透成菜的一种烧法。

葱烧蹄筋

食材

水发蹄筋
400克

大葱
100克

胡萝卜
60克

红椒
30克

调料

老抽
1大匙

白糖
1小匙

水淀粉
2大匙

植物油
4小匙

制作步骤

1 红椒去蒂、去籽，切成小条；水发蹄筋洗净，切成小段；胡萝卜去皮，洗净，切成小条；把水发蹄筋段、胡萝卜条分别放入沸水锅内焯烫一下，捞出，沥净水分。

2 大葱取葱白部分，洗净，切成小段，放入烧热的油锅内炸至呈黄色，出锅，倒入碗内成葱油。

3 净锅置火上，加入清水、老抽烧沸，放入水发蹄筋段、胡萝卜条和白糖，用中小火烧至入味，加入红椒条，用水淀粉勾芡，淋入葱油，出锅装盘即可。

蒸菜

蒸菜是将食材经过初步加工，加入各种调味料，再用蒸汽加热至成熟和酥烂的一种烹调方法，成菜具有原汁原味，味鲜汤纯的特点。蒸比煮的时间要短，速度快，可以避免可溶性营养素和鲜味的损失，保证了菜肴的营养和口味。

蒸菜分类

清 蒸

清蒸是把主要食材经初步处理后，加入调味品后盛入容器内，注入鲜汤，置蒸笼内，使用蒸汽传导加热至成熟的一种蒸法。用此方法可做清蒸鱼、霸王别姬等。

卷 蒸

卷蒸是先把主料加工成大片，配料制成蓉、粒或丝等，加入调味料拌匀成馅料，把馅料放于主料上裹成卷形状，入笼蒸至熟即可（或蒸熟后淋上汤汁）。

粉 蒸

粉蒸是把加工成片、条、块、段的食材，先加入调味料腌渍，和炒好的米粉拌匀，放入容器内，上笼，利用蒸汽传导加热成菜的一种蒸法。用此方法可做米粉肉、粉蒸牛肉、粉蒸羊肉、粉蒸黄鳝等。

瓤 蒸

瓤蒸是把配料加工成颗粒或蓉状，加入调味料拌制成馅料，瓤入挖空的主料内，置旺火沸水笼内，蒸制成熟的一种做法。用此方法可做豆腐瓤鱼、鸡蓉瓤鸭、瓤丝瓜、金钱丝瓜、鸡蓉瓤红椒、瓤鲜虾苦瓜等菜肴。

蒸菜小窍门

蒸菜要根据烹调要求和食材老嫩来掌握火候。用旺火沸水速蒸适用于质嫩的食材，如鱼类、蔬菜类等，要蒸熟不要蒸烂。对质地粗老，要求蒸得酥烂的食材，应采用旺火沸水长时间蒸，如香酥鸭、粉蒸肉等。食材鲜嫩的菜肴，如蛋类等应采用中火或小火慢慢蒸制。

对于质地坚韧的食材，需要采用原汽蒸。原汽蒸即在蒸制的时候用中火、沸水、足汽，锅盖必须盖严，盖不严时，要用洁布围边塞紧以防跑气，在整个蒸制过程中不能掀盖，直至蒸熟。

食材

鲈鱼
1条

猪肥肉
100克

蒜黄段
75克

鲜蚕豆
50克

调料

葱片、姜片
各10克

葱丝
15克

精盐、料酒
各2小匙

胡椒粉
1小匙

味精
少许

酱油
1/2大匙

水淀粉
4小匙

油渣蒜黄蒸鲈鱼

制作步骤

1 鲈鱼去鳞、去鳃，洗涤整理干净，用刀在鱼背部沿脊骨划两刀，抹上少许精盐，腌渍4小时；鲜蚕豆用清水洗净。

2 猪肥肉切成小丁，放入热锅内，加入少许清水，用中火炸出油脂，出锅，倒入小碗内成油渣。

3 把鲈鱼放入沸水锅内焯烫一下，捞出，码放在盘内，撒上胡椒粉、料酒、味精，放入鲜蚕豆、少许油渣、葱片和姜片，放入蒸锅内，用旺火蒸约10分钟至熟嫩，出锅。

4 锅中放入油渣，加入蒜黄段、葱丝、料酒、酱油、精盐、胡椒粉和清水烧沸，用水淀粉勾芡，浇在鲈鱼上即可。

焖菜

焖菜是由烧、煮、炖、煨的技法演变而来，也是家庭中经常使用到的方法之一。焖是将经过初步熟处理的食材，放入锅中，加入汤汁和调味品，用旺火烧沸，再转小火加热至成熟入味的一种方法，具有形态完整，汁浓味醇，软嫩鲜香的特点。

焖菜分类

原 焖

原焖的食材主要是禽类、畜肉类和鱼类。其制作方法是将加工好的食材焯烫后放入锅中，加入调味料和汤水，盖紧锅盖，在密封条件下，用中小火较长时间加热焖制，使食材酥烂入味的一种焖法。

油 焖

油焖的食材主要为海鲜和蔬菜等。其制作方法是把食材过油，使之受到油脂的充分浸润，然后放入净锅中，加上调味料和汤水，盖上锅盖后旺火烧沸，再改用中小火焖制，边焖边淋植物油，直到食材酥烂为止。

黄 焖

黄焖是先把各种食材经过初步熟处理，放入锅内，加入黄酱(或姜粉、甜面酱)及其他调味料等，用旺火烧沸后，改用小火慢焖至菜肴呈黄色并酥烂即可。用此方法可做黄焖牛肉、黄焖鸡翅、黄焖牛尾、黄焖黄鱼头、黄焖鱼肚等。

红 焖

红焖是先把食材经过改刀并油炸后，放入锅内，加入调味料和汤水烧沸，改用小火焖烧至熟。红焖与黄焖做法大体相似，只是在调汁着色方法上不同，红焖是以酱油和糖色着色，使菜肴呈红色。用此方法可做红焖鸡块、红焖鸭、红焖海参等。

焖菜小窍门

焖菜要根据食材的不同质地和菜肴的要求，采用不同的熟处理方法。如蔬菜类食材中的竹笋、萝卜等，要采用焯水的方法；而对于一些肉类食材，则多采用过油的方法进行熟处理。

制作肉类焖菜时，肉块要切得大一些。因为肉类中含有可溶于水的呈鲜含氮物质，焖肉的时候释出越多，肉汤味道越浓，肉块的香味则会相对减淡。因此肉块切的要大点，以减少肉块中的呈鲜物质外逸，这样大块肉的味道比小块肉鲜美。

红焖羊肉

食材

羊腿肉
500克

胡萝卜
100克

洋葱
75克

调料

大葱、蒜瓣
各15克

姜片
25克

干红辣椒
5克

小茴香
3克

橘子皮
2大片

八角、丁香
各3克

桂皮、香叶
各少许

精盐、白糖
各2小匙

酱油、料酒
各3大匙

植物油
1大匙

制作步骤

1 羊腿肉用清水洗净血污,剁成大块;胡萝卜洗净,切成大块;洋葱洗净,切成大片;大葱洗净,切成小段。

2 净锅置火上,加入植物油烧至四成热,放入白糖炒至溶化并呈红色,放入胡萝卜块、洋葱片、葱段、姜片和羊腿肉块煸炒均匀。

3 加入橘子皮、八角、丁香、桂皮、香叶、小茴香和蒜瓣炒匀,烹入料酒,加入酱油、精盐和干红辣椒炒匀。

4 倒入适量的清水烧煮至沸,撇去表面的浮沫和杂质,离火,倒入高压锅中压20分钟至熟烂,出锅装碗即可。

扒菜

扒菜是将经过初步熟处理的食材整齐地放入锅内，加入汤汁和调味品烧至入味，勾芡后大翻勺出锅即可。扒菜可分为红扒和白扒，红扒是指在菜肴调味时使用酱油或糖色，菜肴的色泽呈红色，而白扒在调味料中不加酱油，食材也多为浅色。

扒焖有区别

扒和焖两个烹调技法皆由烧、煮演变而来。扒与焖都是通过大量的汤水作为介质，经过长时间的小火加热而成，但用扒或焖制作出来的菜肴风格却是不同的。

首先焖的炊具有讲究。焖菜一般要选用保温性能和密封性能好的砂锅来烹制菜肴，而扒菜用一般的铁锅即可。

其次是焖菜和扒菜的选料有所不同。焖菜宜选一些质地老韧的鸡、鸭、猪肉、牛肉、羊肉等；而扒菜一般选用形状完整的食材制作，成菜后也需要一些较美观的食材"盖面"，如鱼翅、海参、鲍鱼等。

此外焖菜和扒菜在成菜后的质感要求也有所不同。焖菜的制法是将初步熟处理过的食材装入一密封恒温的炊具器皿中，用小火乃至微火长时间加热而成。如果没有恒温器皿，只用家常锅具，必须要盖严锅盖焖制，这样可以使菜肴质地酥烂，滋味醇厚，汤汁稠浓，吃口软滑，香气浓郁。而扒菜的制法是将初步熟处理后的食材整齐入锅，保持原形并用小火长时间烹制而成，成菜后的特点是质地软烂，汤汁浓醇，菜汁融合，表面整齐，丰满滑润，光泽美观。

扒菜小窍门

火候是决定菜肴成败的关键因素之一。扒菜的火候要求更为严格，烹调时要先用旺火加热烧沸，改用中小火长时间煨透，使食材入味，最后用旺火勾芡，一气呵成。

扒菜从菜肴造型上划分，可分为勺内扒和勺外扒两种。勺内扒就是将食材改刀成形，摆成一定的形状，放入勺内进行加热成熟，最后大翻勺后出锅即成。勺外扒就是所谓的蒸扒，把食材摆成一定的图案，加入汤汁、调味品，上笼蒸制，熟后出笼，滗出汤汁烧沸，用水淀粉勾芡，浇在菜肴上即成。

鸡蓉南瓜扒菜心

制作步骤

1 南瓜削去外皮，去掉瓜瓤，洗净，切成小块，放入蒸锅内蒸至熟，取出；娃娃菜洗净，切成长条，放入沸水锅中焯烫一下，捞出，过凉，沥净水分；枸杞子择洗干净。

2 鸡胸肉去掉筋膜，切成大片，放入粉碎机内，加入葱段、精盐、南瓜块及适量清水搅打成鸡蓉。

3 净锅置火上，加入植物油烧至六成热，放入鸡蓉炒匀，加入精盐、味精及适量清水烧沸，放入娃娃菜烧焖片刻，用水淀粉勾芡，大翻勺，撒上枸杞子，出锅上桌即可。

煮菜

煮是将生料或经过初步熟处理的半成品，放入适量汤汁或清水中，先用旺火烧沸，再转中小火煮至成熟的一种烹调方法。用此方法可做水煮鸡肉、煮鸭方、水煮螃蟹、水煮鸡片、水煮牛肉、水煮鲜鱿、水煮猪肝、水煮腰花等菜肴。

煮菜分类

煮法是与陶器同时出现的，先秦时期的汤、羹等，大多使用煮法制作。周代八珍之一的炮豚最后一道工序，就是以清水作传热介质，在鼎中煮制而成。两宋时，煮法有了较大发展，除了"以活水煮之"的菜肴外，还有把食材洗净，先用水煮熟，再加入好酒煮制而成的"酒煮法"。

煮的方法应用比较广泛，既可独立用于制作菜肴，又可与其他烹调方法配合制作菜肴，还常用于制作和提取鲜汤，又可用于面食制作等。煮的方法因加工、食用等方法的不同，其成品的特点也各异。

水 煮

水煮是把食材直接放入清水中煮至成熟的一种做法。水煮时一般不加调料，有时加入料酒、葱姜、花椒等以除食材的腥膻异味。煮好后捞出，改刀，装盘，上桌时或淋上调味汁，或带味碟蘸食。

汤 煮

汤煮是把食材经过多种方式的初步熟处理（包括煎、炸、焯、烫、汆等），把食材放入锅内，加入适量汤汁（鸡汤、肉汤、清汤等)煮至成熟的一种煮法。汤煮所烹调的菜肴要求汤宽汁浓或汤汁清鲜，通常汤汁与食材一起食用。

煮菜小窍门

家庭煮制肉类菜肴时需要注意，肉块宜大不宜小。肉块切得过小，肉块中的蛋白质、脂肪等鲜味物质会大量溶解在汤内，使肉的营养和鲜味大减。

煮骨头汤时，水沸后淋入少许醋，可使骨头里的磷、钙等溶解在汤内，这样煮制而成的汤味道鲜美，也易于肠胃吸收。

煮制菜肴时不宜用旺火煮，一般要先用旺火烧沸汤汁，再改用小火或微火慢慢煮制，这样煮制而成的菜肴味美酥烂。

猪排骨
500克

甜玉米
125克

虫草花
25克

芡实
20克

枸杞子
10克

调料

葱段
15克

姜片
10克

精盐
2小匙

味精
1小匙

虫草花龙骨汤

制作步骤

1 甜玉米剥去外皮，用清水洗净，剥取玉米粒（或切成小段）；虫草花洗涤整理干净，切成段；芡实洗净；枸杞子洗净，用清水浸泡。

2 猪排骨放入清水中浸洗干净，剁成小段，放入清水锅中，置火上烧沸，快速焯烫一下，捞出、沥水。

3 取电紫砂锅，放入葱段、姜片、猪排骨段、甜玉米粒、芡实、虫草花和枸杞子，加入精盐、味精及适量清水，盖上砂锅盖，按下养生键炖煮至熟香，出锅装碗即可。

烩菜

烩，有些地方又称捞，是各大菜系中比较常用的烹调技法之一。烩菜是将加工成片、丝、条、丁、块等形状的各种生料，或者经过初步熟处理的食材，一起放入汤锅中，加入调味料，用旺火或中火制成半汤半菜的菜肴。

烩菜分类

清 烩

清烩是将切成各种形状的食材，经过汆、烫等熟处理，再放入烧沸的汤锅内烩制成菜。清烩菜肴不勾芡，并且食材用量较多，一般适用于干货海鲜类食材的烹制，菜肴具有汤清味鲜，清香沁脾的特色。

烧 烩

烧烩是把经过刀工处理的各种食材，经过焯烫或过油后，放入汤锅内，加入调味料，用慢火加热至成熟并且入味，用水淀粉勾芡，出锅即可的一种烩法。烧烩的特点是汤浓味醇，味道各异，质地分明。

糟 烩

糟烩是把各种食材加工成大小相近的形状，经过焯水、过油等初步熟处理，放入汤锅内，加入调味料和香糟卤烩制成半汤半菜的菜肴。糟烩菜肴具有口味清香，色泽淡雅，浓香适口等特点，主要适用于禽蛋、水产、蔬菜、菌藻等食材。

红 烩

红烩是先把各种食材切成丝、条、块或段，用汆、烫、煮等方法加工成熟。锅内放入汤汁和调味料烧煮至沸，用水淀粉勾芡，投入经过熟处理的食材搅拌均匀，出锅倒在汤碗内即可。红烩菜肴具有色泽红润，鲜咸味美的特点。

烩菜小窍门

制作烩菜时要掌握好各种食材入锅的先后顺序，耐热的食材先放入，而脆嫩的食材需要后放入。

制作烩菜时需要在加热过程中先用中火烧沸，再改用小火慢慢加热至熟，并且保持汤汁与食材的融洽。

对有些本身无鲜味和有异味的食材，可先用鲜汤煨制一下，便于去异、增鲜。而对于有些不宜过分加热的食材，可在烩制的后期，或者出锅前加入，以保证成菜的口味。

食材

虾仁
150克

鸡头米
100克

净豌豆粒
50克

鸡蛋清
1个

调料

葱末、姜末
各5克

精盐
1小匙

淀粉
2小匙

味精
1/2小匙

胡椒粉
少许

水淀粉
1大匙

植物油
4小匙

鸡米豌豆烩虾仁

制作步骤

1 虾仁由背部片开，去除虾线，洗净，放入碗内，加入少许精盐、味精、胡椒粉、鸡蛋清、淀粉调拌均匀。

2 鸡头米用清水浸泡30分钟，再放入清水锅中烧沸，转小火煮20分钟，取出、沥水。

3 净锅置火上，放入适量清水烧沸，加入少许精盐，放入虾仁焯烫至变色，捞出、沥水。

4 锅内加入植物油烧热，下入葱末、姜末炒香，加入清水、净豌豆粒、精盐、味精、胡椒粉煮至沸，用水淀粉勾芡，放入煮好的鸡头米和虾仁搅匀，出锅装碗即可。

汆菜

汆菜是将食材加工成丝、片、小块、花形、蓉、丸子等形状，放入沸水汤锅中快速烫熟的一种烹调方法。汆菜多用于制作汤菜，要求操作迅速，成菜具有汤宽量多，滋味醇香和清鲜，质地细嫩爽口等特点。

汆菜小常识

用汆的技法加工成菜，其一般是以汤作为传热介质，成菜速度比较快，也是制作汤菜中比较常用的方法之一。

汆的分类有很多种，比如汆的方法特别注重对汤汁的调制。汤汁上我们可以分为清汤与浓汤之分，因此我们可以把用清汤汆制的称为清汆，用浓汤汆制的称为浓汆。当然我们需要注意，不管是清汆还是浓汆，所选食材必须细嫩鲜美，通常选用动物类细嫩瘦肉，如猪里脊肉、鸡胸肉、鱼肉、虾肉、贝类等，而对于老韧食材，或不新鲜有异味的食材则不宜选用。

另外根据食材下锅时的温度，汆菜还可以分为沸水汆、热水汆、温水汆。沸水汆要求汤汁的温度在100℃；热水汆要求水沸而不腾，水的温度在90℃左右；温水汆要求的水温在50～60℃之间。另外还有一种比较特别的汆法，是先把经过各种刀工处理的食材烫熟，捞出，码放在盛器内，另将已调好口味的、滚沸的鲜汤倒入盛器内一烫即成，这种汆法一般又称为汤泡或水泡。

汆菜小窍门

汆制菜肴的食材一定要新鲜，而且加工各种食材的菜板等要无异味，以免影响成菜的风味。

汆丸子是家庭常见的汤菜之一，制作时需要注意，挤制丸子时大小要均匀，丸子以及各种食材在锅中不宜煮的时间太长，而且汆制菜肴时锅内所加的汤水一定要多一些。

为保证菜肴的质量，冬季制作汆菜的盛器要加热。另外，汆菜中的配料不宜过多、过杂。

食材

带皮五花肉
400克

酸菜
150克

水发粉丝
40克

咸香菜
15克

香葱
10克

调料

精盐
1小匙

胡椒粉
1/2小匙

氽白肉

制作步骤

1　带皮五花肉刷洗干净，放入沸水锅内焯烫一下，捞出，再放入清水锅内煮至八成熟，捞出五花肉块，一切为二，再用锯刀法将五花肉块切成大薄片。

2　咸香菜洗净，切成小段；香葱择洗干净，切成香葱花；酸菜洗净，攥干水分，切成细丝，放入煮五花肉的原汤内，用中火煮10分钟。

3　撇去浮沫和杂质，加入熟五花肉片、咸香菜段和水发粉丝稍煮，加入精盐、胡椒粉调好口味，出锅倒入汤碗内，撒上香葱花即可。

炖菜

炖是由煮演变而来，也是家庭中使用较为广泛的烹调方法之一。炖菜是将食材加入汤水和调味品，先用旺火烧沸，再转中小火长时间烧煮成菜。炖菜大部分主料带骨、带皮，成菜具有原汁原味，汤鲜味浓，质地酥软等特点。

炖菜分类

清 炖

清炖是将焯烫好的食材放入炖锅内，加入清水(或汤汁)和调味料，用小火炖熟即可。清炖是常见的炖法，多以一种食材为主，并且不加有色调料。用此方法可做清炖排骨、清炖鸡块、清炖乳鸽、清炖乌鸡、清炖羊尾、清炖牛舌尾等。

隔水炖

隔水炖是将食材放入沸水锅内烫去腥污，再放入钵内，加上葱姜、酒和汤汁，用纸封口，将钵放入水锅内，锅内的水需低于钵口，以滚沸水不浸入为度，盖紧锅盖使不漏气，以旺火使锅内的水不断滚沸，大约3小时左右即可炖好。

侉 炖

侉炖又称浑炖、刮炖等，是把食材焯烫或放入油锅内炸至熟，捞出，再放入调好口味的汤锅内炖制而成。侉炖在调味上可以加入有色调料，而且炖制的时间比清炖短，对于易熟食材，只需要15分钟，而对于肉类，一般也不超过1小时。

不隔水炖

不隔水炖是将食材放入沸水锅内烫去血污和腥膻气味，再放入陶制的器皿内，加入葱姜、酒和清水(加水量一般比食材稍多一些)，加盖后直接放在火上炖制。烹制时需要先用旺火煮沸，撇去浮沫，再移微火上炖至酥烂入味。

炖菜小窍门

炖菜选用畜类、禽类、水产以及部分蔬菜等为主料，加工成大块或整块，不宜切小、切细。但对于肉类食材，可以加工成蓉泥，制成丸子状，再制作成菜。

无论是畜肉类食材，还是蔬菜、豆制品，制作炖菜时都必须经过焯水等初步熟处理，以清除食材中的血污和异味，以保证成菜的口味。

食材

猪肉末
400克

螃蟹
2只

油菜心
75克

荸荠
50克

鸡蛋
1个

调料

葱末
10克

姜末
15克

精盐
2小匙

胡椒粉
少许

料酒
1大匙

蟹粉狮子头

制作步骤

1 荸荠削去外皮，洗净，拍成碎粒；油菜心择洗干净，沥净水分；螃蟹刷洗干净，放入蒸锅内，用旺火蒸至熟，取出螃蟹，凉凉，去壳，取净螃蟹肉。

2 猪肉末放入容器中，磕入鸡蛋，加入葱末、姜末、料酒、精盐、胡椒粉搅匀，放入螃蟹肉和荸荠碎，充分搅拌均匀至上劲，团成直径8厘米大小的丸子。

3 净锅置火上，加入清水烧煮至沸，慢慢放入丸子，再沸后撇去浮沫，转小火炖约2小时至熟透入味，放入油菜心稍煮，出锅，盛入汤碗中即可。

米粥

米粥有制作简便，加减灵活，适应面广，易于消化吸收等特点，被誉为"世间第一补人之物"。粥的种类很多，如以食材不同可分为米粥、面粥、麦粥、豆粥、菜粥、肉粥、鱼粥及药粥等；以口味上可分为白粥、甜粥、咸粥等。

食材

大米
1杯

螃蟹
1只

虾仁
75克

香菜
25克

香葱花
15克

枸杞子
10克

调料

姜丝
10克

黄芪
5克

精盐
2小匙

鸡精
1/2小匙

胡椒粉
1小匙

海鲜砂锅粥

制作步骤

1 螃蟹刷洗干净，开背，去除内脏和杂质，剁成大块；虾仁去除虾线，切成丁；香菜择洗干净，取嫩香菜叶。

2 大米淘洗干净，放入砂锅中，加入适量的热水，盖上砂锅盖，置火上并用旺火烧沸，改用小火熬煮至大米近熟。

3 放入螃蟹块，加入泡好的黄芪、枸杞子，加盖煲约10分钟，放入姜丝、虾仁丁，加入鸡精、精盐，胡椒粉略煮，撒上香葱花、香菜叶，离火上桌即可。

米饭虽为大众食品，但其渊源的历史竟有数千年，而米饭的变化和创意，也为我们提供了无限的空间。米饭在分类上有很多种，如按照食材品种可分为粳米饭、糯米饭、黑米饭、杂米饭等；按米饭搭配的食材，可以分为菜饭、肉饭、果饭等。

米饭

茶香炒饭

食材

大米饭
400克

虾仁
150克

黄瓜
25克

豌豆粒
15克

龙井茶叶
10克

鸡蛋
3个

调料

葱花
15克

精盐
2小匙

胡椒粉
少许

植物油
2大匙

制作步骤

1 龙井茶叶放入杯内，倒入适量沸水浸泡成茶水，捞出茶叶；虾仁去除虾线，洗净，放入热锅内炒至熟，出锅。

2 大米饭放入容器中，磕入鸡蛋并且搅拌均匀；黄瓜洗净，切成小丁；豌豆粒择洗干净。

3 锅中加入植物油烧热，放入大米饭略炒，加入胡椒粉、精盐、豌豆粒、黄瓜丁、葱花、熟虾仁炒匀，撒上少许龙井茶叶，出锅，盛放在盘内，淋上泡好的龙井茶水即可。

面条

面条品种有很多，如按食材的品种和搭配不同，分为普通面条、鸡蛋面条、菜汁面条、碱水面条；按面条成型后的宽细，分为龙须面、细面条、中面条和宽面条等；我们也可以按照面条熟制的方法分为拌面、炒面、烩面、汤面等。

食材

意式面条
400克

牛肉末
100克

西红柿
75克

洋葱
50克

西芹、胡萝卜
各25克

调料

姜块
10克

黄油
1小块

番茄酱
2大匙

酱油
1大匙

黑胡椒
少许

蒜蓉、芝士粉
各适量

意式肉酱面

制作步骤

1 西芹、胡萝卜、洋葱、姜块分别洗净，切成碎末；西红柿洗净，切成小丁；意式面条放入清水锅内煮至熟，捞出。

2 净锅置火上，放入黄油、洋葱碎、牛肉末、姜末、西芹碎、胡萝卜碎炒出香味，加入西红柿丁、番茄酱、酱油和黑胡椒，用小火煮20分钟至浓稠成肉酱汁，出锅。

3 锅置火上烧热，放入少许黄油烧热，加入蒜蓉煸炒出香味，倒入熟意式面条炒匀，出锅，码放在盘内，淋上肉酱汁，撒上芝士粉即可。

面饼是以面粉加入清水制成扁圆、扁椭圆等形状，再用烤、烙、煎、炸、蒸等方法加工使之成熟。根据不同品类的要求，面饼的制作方法区别很大，其主要表现在面团、馅料和成熟方法上，而面饼的种类也由此产生。

面饼

香河肉饼

食材

面粉
400克

牛肉末
250克

鸡蛋
1个

调料

葱花、姜末
各25克

十三香粉
1小匙

味精、豆瓣酱
各少许

甜面酱
2小匙

酱油
1大匙

香油
4小匙

植物油
适量

制作步骤

1 牛肉末放入容器中，磕入鸡蛋，加入酱油、甜面酱、豆瓣酱、十三香粉、香油、味精和姜末搅打至上劲，静置20分钟，再加入葱花拌匀成馅料。

2 面粉放入盆内，先加入少许沸水烫一下，再加入温水和匀成面团，饧发30分钟，揉搓均匀，下成大小均匀的面剂。

3 把面剂按扁，包入适量馅料，擀成圆饼状，放入热油锅内烙至熟透，装盘上桌即可。

肉卷

肉卷是我国比较传统的风味主食之一。肉卷一般是把发酵面团揉搓成长条，下成大小适宜的面剂，包入适量的馅料，卷起成卷，再用蒸、煎等技法加工成熟。肉卷具有口感松软，馅料清鲜，营养丰富等特点。

食材

面粉
400克

猪肉末
150克

泡打粉
5克

调料

葱末、姜末
各10克

胡椒粉
1/2小匙

白糖
1小匙

料酒
1大匙

酱油
2大匙

香油
2小匙

植物油
适量

创新懒龙

制作步骤

1 面粉放入容器内，加入泡打粉拌匀，再加入少许温水和白糖揉匀成面团，饧20分钟；猪肉末加入酱油、胡椒粉、料酒、香油、少许清水搅拌均匀成猪肉馅。

2 净锅置火上，加入植物油烧至六成热，下入葱末、姜末炝锅，放入猪肉馅炒至干香，取出，凉凉成馅料。

3 面团擀成大薄片，抹匀馅料，卷成卷成生坯，放入蒸锅内，用旺火蒸至熟，取出，切成块，装盘上桌即可。

花卷可称为层卷馒头，是面团经过揉压成片后，不同面片相间层叠，或在面片上涂抹一层辅料，卷起形成不同层次，或者卷起后再扭成卷，或者折叠成各式造型，而制成各种花色形状，饧发后用蒸的技法进行熟制而成。

花卷

椒香花卷

食材

面粉
500克

红椒
50克

泡打粉
2小匙

调料

大葱
15克

精盐
1小匙

十三香粉
1/2小匙

植物油
2大匙

制作步骤

1 红椒去蒂、去籽，洗净，切成小粒；大葱去根和老叶，切成葱花；面粉中加入泡打粉拌匀，再加入适量温水和成软硬适度的面团，饧约10分钟。

2 面团放在案板上，擀成大薄片，刷上一层植物油，撒上精盐、十三香粉、葱花和红椒粒并抹匀。

3 再由外向里卷叠三层，切成条状，用手拧成卷成椒香花卷生坯，摆入蒸锅内，先饧15分钟，再用旺火蒸约10分钟至熟，取出上桌即可。

包子

包子是用面团做面皮，用菜、肉或糖等制作成馅心，用面皮将馅心包起来，再捏上褶而得包子之名。传统上我们可以将不带馅的称作馒头，而在我国江南的有些地区，馒头与包子是不分的，他们又将带馅的包子称作肉馒头。

食材

发酵面团
400克

梅干菜
150克

猪肉末
100克

冬笋
25克

调料

葱末
50克

味精、胡椒粉
各1小匙

香油
少许

料酒、酱油
各2大匙

白糖、水淀粉
各1/2大匙

植物油
1大匙

梅干菜包子

制作步骤

1 梅干菜用清水浸泡至软，再换清水反复漂洗干净，捞出，沥净水分，切成碎粒；冬笋洗净，切成碎末。

2 猪肉末加入料酒拌匀，放入热油锅中炒至变色，放入梅干菜碎粒、冬笋末、葱末、酱油、白糖、胡椒粉和味精炒至入味，用水淀粉勾芡，淋入香油，出锅，凉凉成馅料。

3 发酵面团揪成小面剂，擀成面皮，放上馅料，捏褶收口成包子生坯，摆入屉中，放入沸水锅内蒸至熟即可。

饺子是一种历史悠久的主食，民间有"好吃不过饺子"的俗语。饺子源于古代的角子，相传是我国医圣张仲景首先发明的。饺子多以冷水和面粉揉搓成面团，制成面剂后擀成薄皮，包入各种馅料成饺子生坯，用煮、蒸等方法加工成熟。

饺子

鲅鱼饺子

食材

冷水面团
400克

鲅鱼
半条

韭菜
150克

猪肉末
100克

鸡蛋
1个

调料

葱末、姜末
各10克

精盐、香油
各2小匙

胡椒粉
1/2小匙

料酒
2大匙

味精
少许

制作步骤

1 韭菜去老根和老叶，洗净，切成碎末；鲅鱼去掉鱼头、内脏，洗净血污，去除鱼骨，取鲅鱼净肉。

2 鲅鱼肉切碎，用刀背砸成蓉，放在容器内，磕入鸡蛋，放入猪肉末、料酒、精盐、胡椒粉、葱末、姜末、香油、味精和韭菜末，搅拌均匀成鲅鱼馅料。

3 冷水面团揉搓均匀，制成小面剂，擀成薄面皮，放入少许鲅鱼馅料，包好成饺子生坯，放入沸水锅内煮至熟即可。

糕团是用糯米、粳米、小米、黄米等为主料，先研磨成粉，再加工成粉团，包入各种馅料(有些糕团不包馅料)成形，再用多种熟制方法，如蒸、煎、烤、炸等加工成熟即可，成品具有色泽鲜艳，入口软糯，香甜细腻等特点。

糕团

食材

面粉
400克

鸡蛋
6个

酵母粉
2小匙

苏打粉
少许

果料
适量

调料

白糖
200克

牛奶
4大匙

黄油
3大匙

奶油发糕

制作步骤

1 将果料切成小丁；酵母粉放在小碗内，加入少许温水调匀，再加入苏打粉搅匀成酵母水。

2 鸡蛋磕入容器内，加入黄油和白糖搅拌均匀，加入酵母水拌匀，放入面粉，倒入牛奶搅拌成比较浓稠的糊状，静置20分钟成发酵面糊。

3 取一半果料丁，撒在容器底部，倒入发酵面糊，再把剩余果料丁撒在上面，放入蒸锅内，用旺火蒸至熟即可。

酥皮是用水油面团包裹上油酥面团，加工成形后制作而成的各式点心，其中的油酥面团是用油脂和少许面粉揉搓而成。用油酥面团制作的各种酥皮点心具有色泽美观，花样繁多，成品层次分明，干香松酥，口味多变，营养丰富等特点。

酥皮

食材

面粉
250克

枣泥馅
120克

鸡蛋
1个

调料

熟猪油
150克

佛手酥

制作步骤

1　取面粉125克加入100克熟猪油擦成干油酥；剩余面粉加入温水、熟猪油50克揉搓成水油面团；鸡蛋打散成鸡蛋液。

2　用水油面团包入干油酥，收口捏紧，揿扁，擀成长方形，横叠3层后再擀成长方形，切成4厘米边长的正方形酥皮。

3　在每张酥皮的四周涂上鸡蛋液，中间放入枣泥馅并包起，收口朝下压成椭圆形生坯，在1/2处按扁成铲刀状，用刀切几下成佛手状，放入200℃烤箱内烘烤15分钟即可。

面包被称为人造果实，其品种繁多，各具风味。面包分类的方法有很多，如以制作面包面粉颜色来区分，可以分为白面包、褐色面包、全麦面包、黑麦面包、酸酵面包。此外面包还可以分为主食面包、花色面包、调理面包和酥油面包等。

面包

食材

高筋面粉
2000克

酵母
50克

黄油
150克

鸡蛋液
125克

鸡蛋清
4个

牛奶
250毫升

杏仁片
40克

调料

木糖醇
150克

精盐
少许

杏仁牛角包

制作步骤

1　杏仁片和鸡蛋清混合均匀；高筋面粉、酵母、黄油、精盐和牛奶放入容器内，用中速搅打15分钟成面团。

2　把面团用压面机压成薄片，切成等腰三角形，从上向下卷起成牛角形，封口后放在烤盘上，送入饧发箱至完全饧发，刷上鸡蛋液，摆上杏仁片成牛角包生坯。

3　把牛角包生坯送入预热的烤箱内，用中温烤至色泽金黄，取出牛角包，表面撒上木糖醇，直接上桌即可。

布丁是从英国古代用来表示掺有血的香肠的"布段"演变而来的。中世纪的修道院，则把"水果和燕麦粥的混合物"称为"布丁"。现在布丁是以布丁粉、鸡蛋、牛奶等为主要食材加工而成的风味甜品。

布丁

巧克力布丁

食材

牛奶
1000毫升

巧克力布丁粉
500克

调料

白砂糖
150克

蜂蜜
2大匙

糖粉
25克

制作步骤

1　巧克力布丁粉放入容器内，加入牛奶150毫升、白砂糖调拌均匀成巧克力布丁糊，放入冰箱内冷藏30分钟；蜂蜜放入碗内，加入糖粉、清水调匀成蜂蜜糖水。

2　净锅置火上烧热，倒入850毫升牛奶烧沸，慢慢加入调好的巧克力布丁糊，用小火煮至浓稠，离火，盛入容器内，放入冰箱中冷却2小时成巧克力布丁。

3　将冷却后的巧克力布丁取出，摆放在容器内，淋上调制好的蜂蜜糖水即可。

松饼是面包的一种。在制作松饼面团时，需要在搅拌好的面团中加入泡打粉、小苏打和油脂等，经过烘焙后即成为松酥、蓬松的松饼。食用松饼时可淋上蜂蜜或果酱，也可涂杏仁酱，或者搭配新鲜水果一起吃。

松饼

食材

低筋面粉
1000克

高筋面粉
750克

黄油
700克

鸡蛋
12个

泡打粉
30克

调料

牛奶
750毫升

木糖醇
500克

原味松饼

制作步骤

1 把黄油放入搅拌器内，用慢速搅打5分钟，加入木糖醇，再用高速搅打3分钟至发白，磕入鸡蛋，用中速搅拌均匀至完全混合。

2 加入高筋面粉、低筋面粉和泡打粉调匀，最后放入牛奶，充分搅拌均匀成浓稠的松饼面糊。

3 取几个松饼纸杯，分别灌入松饼面糊至2/3处成松饼生坯，放入预热的烤箱内烘烤20分钟至色泽金黄即可。

蛋糕是以面粉、鸡蛋、白糖等为主要食材，配以牛奶、奶粉、果汁、植物油、起酥油、泡打粉等辅料，经过搅拌、调制、烘烤等制作而成。蛋糕种类较多，归纳起来可分为三大类，分别为乳沫类蛋糕，面糊类蛋糕和戚风类蛋糕。

蛋糕

咖啡蛋糕

食材

低筋面粉
300克

鸡蛋
250克

牛奶
120克

奶油
25克

咖啡粉
15克

调料

白砂糖
150克

蛋糕油
1/2大匙

植物油
2大匙

制作步骤

1　鸡蛋、白砂糖、蛋糕油放入搅拌器内搅匀，加入低筋面粉，用中速打发，放入牛奶、植物油搅匀成蛋糕浓糊。

2　把蛋糕浓糊分成两份，一份蛋糕浓糊中加入咖啡粉调成咖啡蛋糕糊，放入烤箱内烤至熟，取出，切成小条。

3　把另一份蛋糕浓糊倒入烤盘内抹平，放入烤箱内，用中温烘烤20分钟至熟，取出，凉凉，涂抹上奶油，中间放上咖啡色蛋糕条，卷成卷，切成块，直接上桌即可。

慕斯是一种奶冻式甜点，可以直接食用，或者做蛋糕夹层。慕斯与布丁都属于甜点的一种，慕斯的口感较布丁更为柔软，入口即化。制作慕斯最重要的是胶冻食材，如琼脂、果冻粉等，现在市场上也有专门的慕斯粉出售。

慕斯

食材

白蛋糕坯
1个

红豆
150克

奶酪芝士
100克

吉利丁片
10克

鸡蛋
3个

调料

淡奶油
200克

牛奶
4大匙

白糖
2大匙

红豆奶酪慕斯

制作步骤

1　红豆用清水浸泡6小时，放入锅内煮至熟；淡奶油放入搅拌器内打发；鸡蛋磕开，把鸡蛋黄、鸡蛋清分盛在碗内。

2　鸡蛋黄放入容器内，加入牛奶、奶酪芝士和泡软的吉利丁片，加入熟红豆、淡奶油、白糖和鸡蛋清拌匀成慕斯料。

3　白蛋糕坯片成厚片，取一片放入蛋糕模具内，抹上慕斯料，盖上一片白蛋糕片，再倒入调好的慕斯料，放入冰箱内冷冻，食用时取出，切成小块，装饰后上桌即可。

酥派是一种油酥面饼，内含水果或馅料，常用圆形模具做坯模。酥派的款式选择要考虑不同的场合以及季节，如春季适合制作樱桃派；夏季盛产莓类和蜜桃；秋天是南瓜成熟的季节；冬天热腾腾的苹果派和各类干果制成的酥派也会很诱人。

酥派

雪梨杏仁派

食材

生甜派底
8个

雪梨块
125克

黄油
100克

鸡蛋
2个

杏仁粉
75克

低筋面粉
25克

调料

白砂糖
100克

制作步骤

1　把黄油放入微波炉内加热至溶化，取出，倒入不锈钢容器内，放入白砂糖，搅拌均匀至白砂糖溶化，磕入鸡蛋，充分地搅拌均匀。

2　加入杏仁粉、低筋面粉拌匀成馅料，灌入生甜派底内，放入雪梨块成雪梨杏仁派生坯。

3　把雪梨杏仁派生坯放入预热的烤箱内，用170℃烘烤约25分钟至表面凝固，取出上桌即可。

饼干是以面粉、糖类、油脂等为主要食材，经过多道工序制作而成。饼干具有口感疏松，水分含量少，甜润清香，保存时间长的特点。另外饼干还可制作成多种形状，经过焙烤后还可以粘上巧克力、乳酪等，非常有特色。

饼干

食材

面粉
300克

黄油
150克

鸡蛋清
2个

香草油
少许

可可粉
25克

调料

白砂糖
100克

精盐
少许

双色饼干

制作步骤

1　将黄油、白砂糖放入容器内，混合搅拌5分钟，加入鸡蛋清、面粉、精盐和香草油，继续搅拌均匀成面团。

2　取1/2的面团，加入可可粉，揉搓均匀成棕色面团，擀成长方形面片；另外1/2白色面团也擀成长方形面片。

3　在白色面片和棕色面片中间刷上少许鸡蛋清，叠放在一起，卷成长棍形状，冷冻后切成圆片，摆在烤盘上，放入预热的烤箱内烘烤12分钟，取出，切成片即可。

饮食科学

第五课

美味我做主
烹饪晋级篇

第五课 美味我做主 烹饪晋级篇

关于烹饪

在我们翻阅菜谱图书时，总是会出现一些比较专业性的用语，如焯水、过油、汽蒸、走红、上浆、挂糊、勾芡、油温六成热、旺火、清汤、奶汤等等。而这些相对专业的用语，对于成菜的色泽、口感、营养等方面都有非常重要的作用。

家庭在制作菜肴时，也需要对这些用语加以了解，从而增加对烹调常识方面的认知，并且需要掌握，才能在制作菜肴时做到得心应手。

这里我们也愿意与您分享一些烹饪方面的小窍门，使您在制作菜肴时做到心里有数，不仅可以提高效率，也可以增加烹饪的乐趣。

另外各种主食也是烹饪中的一大项，如何调制面团、主食成型手法、主食常用馅料制作等等，也是我们需要了解和熟悉的，这里我们也会为您详解。

特色菜是什么

特色菜是指成品菜肴无论冷热，食材高贵或平凡，既要好看，又要好吃，而且还要有其独特的香味、色泽、味型、器皿等很多方面。

特色菜分为两类，一是地方特色菜肴，就是以当地特产的烹饪食材，或用当地独特的烹调方法制作而成的，具有当地风味特色的菜肴。二是餐厅的特色菜，就是在同地区内，该餐厅烹制的几款菜肴，要比同地区内其他餐厅烹制的同样菜肴质量高，方法新，口味美，而这几款菜肴就成了该餐厅的特色菜。

中国菜肴的命名方法

一盘色、香、味、形、器、养俱佳的菜肴，命名是非常重要的。若名称恰当，会使人听后就对此菜产生一定的好感，虽未见其物、未尝其味，却已引起人的食欲。中国菜肴命名的原则，首先要名副其实，使人听后能想出菜肴的大概轮廓；其次要雅致得体，耐人寻味。通过对我国已有菜肴名称的分析，中国菜肴的命名方法一般有以下几种。

以色泽命名：如翡翠豆腐、雪衣肉条、糟熘三白等。

以烹调法命名：如软炸大虾、焦熘大肠、红烧肚块等。

以口味命名：如麻辣鸡片、酸辣鱿鱼、糖醋排骨等。

以地方命名：如北京烤鸭、西湖醋鱼、镇江肴肉等。

以调料命名：如咖喱鸡块、蚝油牛柳、芥末鸭掌等。

以人名命名：如麻婆豆腐、宋嫂鱼羹、东坡肉、潘鱼等。

以药材命名：如虫草酱鸭、陈皮牛肉、人参甲鱼汤等。

以油脂命名：如奶油西蓝花、鸡油菜心、红油肚丝等。

以花卉命名：如牡丹鳜鱼、荷花鸡丁、桂花羹等。

以形状命名：如绣球干贝、口袋豆腐、金鱼虾饺等。

以器皿命名：如瓦罐鸡块、砂锅排骨、铁板牛肉等。

以形象、寓意命名：如霸王别姬、怀抱鲤等。

菜肴的文化意境

饮食的文化意境是传统烹饪技艺的重要组成部分。饮食文化意境与菜肴交融成一体，雅俗共赏，引人入胜，立意新颖，情趣盎然。

菜肴本身就是一种文化现象，一道精美的菜肴，如果带有浓郁的文化含量，更是相得益彰。因此需要注重菜肴文化意境方面的挖掘、收集和整理。在品尝菜肴时，如果我们能述说这道美馔佳肴的由来、趣闻、典故、传说等，不仅能得到美味的享受，而且还能得到精神和文化方面的熏陶，可谓一举两得。

饮食的文化意境，既是饮食物质文明的财富，又是饮食文化的结晶，其中渗透着历代人民的辛勤汗水，也闪烁着中华民族的智慧。菜肴附典于肴，寓情于菜，也更为直接地体现了烹饪文化特质，从不同角度反映了当时社会的各个方面和人民的思想感情。

食之本味

本味也称真味、原味等，就是食材本身所固有的自然之味。调味时，不需另外添加调料或少加调味料，成菜以突出食材本身所固有的味道为主的风味特色。

早在秦代，吕不韦的《吕氏春秋·本味篇》中就曾提出过，菜肴要追求本味鲜的理论。延至清代，袁枚也曾说过："一物有一物之味，凡物各有先天，如人各有资禀"，特别推崇食之本味。

那么食家为什么极为推崇食之本味呢？因为人们在品尝菜肴时，主要是品其食材的本味，即使加入少许调味料，也是为了更加突出它的本味，祛除异味。金代金丹溪在《菇谈论》中说："味有出于天赋者，有成于人为者，天之所赋者，谷蔬菜果，自然冲笔之味，有食之补阴之功……"。这就是强调了食之本味。清顾仲在《养小录》序中说："本然者淡也，淡则真"。推崇食之本味，并非说烹制菜肴时，不需加入任何调味料就好，恰恰是在合理调味的基础上。有些食材本味太浓、过烈，或有腥膻等异味，若不放入调味料加以调整，使之减轻或消除，还会影响本味的发挥，成菜也是难以令人满意的。如果菜肴调味过于浓重，则会失去本味，得不偿失。

素菜荤做，荤素相辅

烹制菜肴的食材，无非是植物性食材与动物性食材两大类，而矿物性食材和化学食材则较少作为主料或配料。从食用、营养角度来看，动物性食材、植物性食材各有利弊。动物性食材，如猪牛羊、鸡鸭鹅等，多数异味较重，而且脂肪含量高，不宜消化，营养也不全面。特别是纤维素、维生素、无机盐等较为缺乏。

反观之，植物性食材含纤维素、维生素较高，脂肪含量少，但有时候鲜香气味不足，成菜口感不佳，而且比较缺乏动物性脂肪和动物蛋白质。如果我们能巧妙的利于这两类食材的优缺点进行科学的搭配，能够做到"素菜荤做，荤素相辅"，优化组合而合烹成菜肴，不仅利于成菜的完美属性，也有利于身体健康。

关于至味

吃蟹有蟹味，吃鱼有鱼味，吃鸡有鸡味，这是常识，谁都知道，不必多说。那么什么是"至味"呢？按照字面上的解释，"至"就是极致、最高，至高无上的意思。"至味"就是表示，这种味道，已经达到了至高无上，无与以论比的程度。

以河豚为例，吃一口河豚鲜美至极，再也没有比它更鲜美的了，因此有吃了河豚，百鱼无鲜的说法，如果此时再混吃其他菜肴就显得极为乏味。简单地说，至味就是味感已达到了最高的顶峰，也可以说，一味至鲜，百味无味。

三鲜小常识

三鲜一词源出久远，宋代林洪《山家清供》中，就曾记有"山家三脆"，嫩笋、小蕈、枸杞头，入盐、汤焯熟，同香熟油，胡椒各少许，酱油、滴醋，拌食。实际上就是一道素拌三鲜。同代，司膳内人的《玉食批》中，也曾记有"三鲜炒鹌子"等菜。

三鲜一名人皆喜之，古时，人们借其"鲜"字谐者，又写作"仙"字，如清初大文学评论家金圣叹，曾说过"三仙菜"，又如清代的"三仙鸽蛋"等。

三鲜也是烹饪界比较喜欢使用的词语。厨师往往喜欢用三鲜来为菜肴冠名。所谓三鲜，原则上就是选用三种鲜味浓郁、质味醇正的食材，组合而成的一种形式名称。可想而知，一鲜至美，二鲜，鲜上加鲜，那么三种鲜香食材融合在一起，鲜鲜相乘，那便达到鲜美至极的境地。

三是一个大概念，因此三鲜在实际操作中，并非严格意义上的三种食材。三鲜没有硬性的规定和要求，有的也选用多种食材，但也不是随便凑合的三种食材加在一起，就叫三鲜。三鲜也是有规矩可循的，而且还非常讲究，按规矩搭配三种食材，其即可单独成菜，也可再与其他食材搭配成馔。

三鲜食材的选择、配比、分类方法，各地略有不同，常见的分类品种有海三鲜、肉三鲜、荤三鲜、素三鲜、荤素三鲜、鸡三鲜、地三鲜等。配制三鲜时选择何种食材，以及三种食材的数量、质量，无主次之分，各料均等，平分秋色。

焯水

焯水又称出水、冒水、飞水等，是指将经过初加工的烹饪食材，根据用途放入不同温度的水锅中，加热到半熟或全熟的状态，以备进一步切配成形或正式烹调的初步热处理。

焯水是常用的一种初步热处理方法。需要焯水的烹饪食材比较广泛，大部分植物性烹饪食材及一些有血污或腥膻气味的动物性烹饪食材，在正式烹调前一般都要焯水。根据投料时水温的高低，焯水可分为冷水锅焯水和沸水锅焯水两种。

冷水锅焯水 是将食材与冷水同时倒入锅内加热焯烫，主要适用于动物性烹饪食材，如牛羊肉、内脏、蛏子等。

将需要加工整理的食材洗净（图1），放入锅内，加入冷水，置于火上烧沸（图2），焯烫一下（图3），捞出即可。

沸水锅焯水 是把锅内的清水加热至沸，放入食材，加热至一定程度后捞出。沸水锅焯水适用于色泽鲜艳、质地脆嫩的植物性食材，如菠菜、芹菜、油菜、小白菜等。这些食材含水量多、叶绿素丰富，易于成熟，但是焯好的蔬菜类食材要迅速用冷水过凉，以免变色。

将食材洗净，直接放入烧沸的水锅内焯烫（图1），捞出，迅速过凉，攥净水分即可（图2）。

过油

过油是把加工成形的食材放入油锅内，加热至熟或炸制成半成品的熟处理方法。过油有缩短烹调时间，或多或少地改变食材的形状、色泽、气味、质地等，使菜肴富有特点。

过油的技术性比较强，其中油温高低、食材如何处理、火力大小运用、过油时间长短、食材与油的比例等都要掌握得恰到好处，否则就会影响菜肴的质量。过油有滑油和油炸两种。

　　滑油 是将细嫩无骨或质地脆韧的食材切成较小的形状（图1），上浆，放入四成热油锅中滑至散（图2），待食材断生后捞出即可（图3）。滑油要求操作速度快，尽量使食材少失水分，成菜有滑嫩柔软的特点。

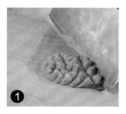

　　炸油 是将食材改刀成形（图1），挂糊（或不挂糊）后放入七八成热的油锅内（图2），用旺火炸至一定程度的过程（图3）。油炸操作速度的快慢、使用的油温高低要根据食材或品种而定。若食材形状较小，多数要炸至熟透；若食材形状较大，多数不用炸熟，只要表面炸至上色即可。

油温

　　低油温（图1）即是三四成热，温度在90～120℃，直观特征为无青烟，油面平静，当浸炸食材时，食材周围无明显气泡生成。

　　中油温（图2）即是五六成热，油温在150～180℃，直观特征为油面有少许青烟生成，油从四周向锅的中间徐徐翻动，浸炸食材时，食材周围出现少量气泡。

　　高油温（图3）即是七八成热，油温在200～240℃，直观特征为油面有青烟升起，油从中间往上翻动，炸食材时，食材周围出现大量气泡翻滚，并伴有爆裂声。

上浆

上浆就是在经过刀工处理的食材上挂上一层薄浆，使成品菜肴达到滑嫩的一种技术措施。通过上浆的食材可以保持嫩度，美化形态，保持和增加菜肴的营养成分，还可以保留菜肴的鲜美滋味。

上浆的种类较多，依上浆用料组配形式的不同，可把浆分成蛋清粉浆、水粉浆、全蛋粉浆等。

蛋清粉浆 把需要上浆的食材收拾干净，沥净水分，改刀切成各种形状，对于一些食材，也可以不改刀，放入大碗中，加入鸡蛋清拌匀（图1），再放入少许淀粉（图2），充分抓拌均匀即可（图3）。

水粉浆 将淀粉放在小碗内，加入适量的清水调拌均匀成水粉浆（图1）；把食材洗净，改刀切成丝、条、片等形状（图2），放入容器内，加入适量的水粉浆，充分搅拌均匀即可（图3）。

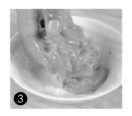

全蛋粉浆 将食材洗净，切成菜肴要求的形状，放入容器内，磕入鸡蛋，用手（或筷子）搅拌均匀（图1），再放入适量的淀粉（图2），最后加入少许植物油，抓拌均匀即可（图3）。

挂糊

挂糊就是将经过初加工的烹饪食材，在烹制前用水淀粉或蛋泡糊及面粉等辅助材料挂上一层薄糊，使炸制后的菜肴达到酥脆可口的一种技术性措施。

在此要说明的是挂糊和上浆是有区别的，在烹调的具体过程中，浆是浆，糊是糊，上浆和挂糊是一个操作范畴的两个概念。挂糊的种类较多，一般有蛋黄糊、全蛋糊、发粉糊、蛋泡糊等几种。

蛋黄糊 将鸡蛋黄放入大碗内，用筷子拌匀（图1），再加入适量的淀粉（或面粉)调匀，放入少许植物油（图2），充分搅拌均匀即可（图3）。

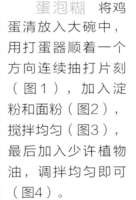

蛋泡糊 将鸡蛋清放入大碗中，用打蛋器顺着一个方向连续抽打片刻（图1），加入淀粉和面粉（图2），搅拌均匀（图3），最后加入少许植物油，调拌均匀即可（图4）。

全蛋糊 把鸡蛋磕入碗中（图1），搅拌均匀成全蛋液，加入适量的淀粉、面粉调拌均匀（图2），然后放入少许植物油，搅拌均匀即可（图3）。

走红

　　走红又称酱锅、红锅，是一些动物性食材，如家畜、家禽等，经过焯水、过油等初步加工后，实行上色、调味等进一步热加工的方法。走红不仅能使食材上色、定形、入味，还能去除有些食材的腥膻气味，缩短烹调时间。

　　按传热媒介的不同，走红主要分为水走红、油走红和糖走红三种。水走红是将经过焯水或过油的食材放入由各种调料熬煮成的汤汁中，用小火加热使食材鲜艳上色；糖走红是将白糖（或红糖）放入热锅内炒至溶化，再经水稀释后，放入食材煸炒至上色；油走红是先在食材表面涂抹上一层有色或加热后可生成红润色泽的调料(如酱油、甜面酱、糖色、蜂蜜、饴糖等)，经油煎或油炸后使食材上色的一种方法。

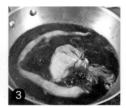

　　糖走红 锅内加入白糖（图1），中火炒至白糖熔化，加入清水和调料煮沸（图2），放入食材煮至上色即可（图3）。

　　水走红 食材放入沸水锅中焯烫（图1），捞出；酱油、料酒等放入碗内调匀成酱汁（图2），倒入清水锅内，放入食材煮至上色即可（图3）。

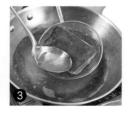

　　油走红 把食材涂抹上酱油（图1），放入烧热的油锅内炸至上色（图2），捞出，沥油即可（图3）。

汤汁

俗语说："唱戏的腔，厨师的汤"，汤羹类菜肴离不开鲜美的汤汁。汤汁质量的好坏，不仅会对菜肴的美味产生很大影响，而且对菜肴的营养，更是起到不可缺少的作用。

制汤就是把蛋白质、脂肪含量丰富的食材，放入清水锅中煮制，使蛋白质和脂肪等营养素溶于水中成为汤汁，用于烹调菜肴或制作汤羹菜肴。根据各种汤汁不同的食材和质量要求，汤汁主要分为清汤、奶汤、素汤等多种。

汤汁要旺火烧沸，小火慢煮

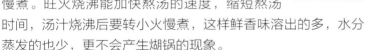

熬煮汤汁，火候的掌握及运用是最为关键的一环，它对汤汁成品质量影响颇大。因为，熬煮汤汁所选用的食材，大多数都是动物性食材，鲜香味浓厚，而且食材一般形体较大，并且有些食材还干老柴硬。所以用旺火熬煮汤汁，鲜香味等溶解物质不能很快全部溶解出来，汤汁鲜味不足，达不到鲜汤的质量要求。因此在熬煮鲜汤时，必须采用旺火烧沸，小火慢煮。旺火烧沸能加快熬汤的速度，缩短熬汤时间，汤汁烧沸后要转小火慢煮，这样鲜香味溶出的多，水分蒸发的也少，更不会产生煳锅的现象。

其次，有些熬煮鲜汤的食材含有多种具有催化效果的酶，酶的催化活动，其最佳温度是30~65℃，温度过高或过低，其催化作用都会变得缓慢或丧失，因此要采用小火慢煮。

采用小火慢煮汤汁，食材中可溶于水的肌溶蛋白、肌肽酸、肌酐和多种氨基酸，会慢慢被分解出来，溶解于汤汁中，这些含氮物浸出得越多，汤汁味道就越鲜浓。另外用小火慢煮，还能使汤汁成品色泽洁白或乳白，汤汁澄清，不混浊，味美纯真，风味独特。

奶汤　鸡骨架剁成块（图1），洗净（图2），放入锅中，加入葱姜焯烫（图3），捞出（图4），再放入清水锅内，加入葱姜等煮至汤汁呈白色（图5），出锅过滤即可（图6）。

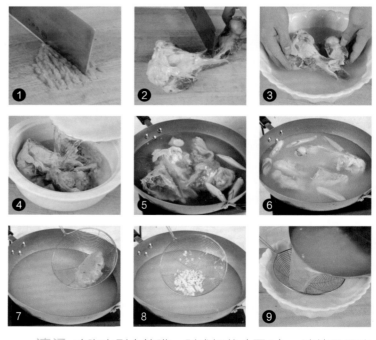

清汤　鸡胸肉剔去筋膜，剁成细蓉（图1）；猪棒骨用砍刀剁断（图2），放入清水中漂洗干净（图3），沥净水分；鸡骨架放入容器中，加入温水（图4），清洗干净，放入清水锅内，加入猪棒骨、葱姜等（图5），用小火煮2小时（图6），捞出，加入鸡蓉提清（图7），待鸡蓉浮起时，捞出（图8），如此反复数次，最后过滤即为清汤（图9）。

　　豆芽汤 黄豆芽去根（图1），洗净（图2），沥水，放入油锅中煸炒至豆芽发软（图3），加入冷水（图4），用中火煮至汤汁呈浅白色（图5），用滤网过滤即可（图6）。

熬骨头汤不宜久煮

　　许多人认为熬骨头汤的时间长一些，味道好，对滋补身体更有好处。其实不然，动物骨骼中所含的钙质是不易分解的，无论多高的温度，也不能将骨骼内钙质溶化，反而会破坏骨骼中的蛋白质。家庭中比较好的熬制骨头汤的方法是用压力锅熬至骨头酥软，这样熬的时间不太长，汤汁中的维生素等营养成分损失不大，骨骼中所含的微量元素也易于被人体吸收利用。

　　鱼骨汤 净鱼取鱼骨、鱼皮（图1），洗净（图2），剁成大块（图3），放入净锅内，加入葱姜和清水（图4），用小火煮30分钟（图5），捞出鱼骨等，用滤网过滤即可（图6）。

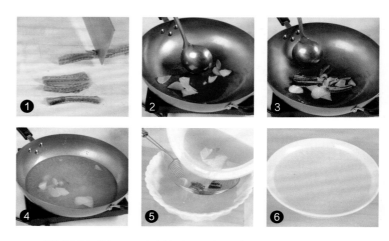

鳝骨汤 鳝鱼骨剁成块（图1）；油锅内加入葱段、姜片炝锅（图2），加入鳝鱼骨稍炒（图3），添入清水，小火煮至乳白色（图4），捞出鳝鱼骨（图5），过滤后即为鳝骨汤（图6）。

煲汤食材投放要讲究顺序

要烹制出一道味美醇正，营养滋补的汤羹，食材的投放顺序有讲究。因为食材的质地、性能各异，其营养素的溶出快慢也不相同，所以要先了解食材的性质，根据火候大小和时间长短，准确地掌握好投放顺序。例如鞭类、龟鳖类、滋补药料等要先放入锅内炖煮到一定时间后，再放入银耳、红枣、蔬菜等易熟的食材，这样才能同时成熟，口味鲜美，营养均衡。

素清汤 香菇浸泡至涨发（图1）；笋切成块（图2）；把香菇、黄豆芽、笋块洗净（图3），倒入冷水锅中（图4），用小火煮1小时（图5），离火，过滤即为素清汤（图6）。

汤汁秘诀大公开

选料新鲜：制作各种底汤，如清汤、奶汤等要用鸡鸭，其中以用老母鸡、老公鸭为宜。其他如排骨、猪肚、猪肘以及制作鱼汤的鲜鱼等食材，均要求新鲜、干净。

冷水入锅：动物性食材富含蛋白质、脂肪等营养物质，这些营养物质如果突遇高温会马上凝固，形成一层保护膜，或多或少地阻碍食材内部营养物质的外溢。把食材放入冷水锅内烧煮，可为营养素从食材中溢出创造条件，从而使汤汁味道鲜美。

除异增鲜：用于制汤的食材，大多有不同程度的腥味或异味，因此制汤时应加入一些去腥食材除去异味，增加鲜味。如制清汤应酌加姜葱和料酒；熬鱼汤可加入牛奶，不仅可以去腥，还可使鱼肉白嫩，味道更加鲜美；做骨头汤时加入米醋，可以使更多钙质从骨髓、骨头中游离出来，增加钙质。

时间长短：要使食材中的营养物质充分溢出进入汤汁内，一般需要较长的时间来制汤，但不是越长越好。一般地说，若用肉用鸡或碎猪肉等易熟食材，时间可在2小时左右；若用猪棒骨、火腿骨头、老母鸡或猪爪等难熟的食材，则时间要长一些，3~4小时即可。

不加冷水：制作汤汁时要一次性把水量加足，如果中途需要加水，也要加入热水或沸水，而不要中途加冷水。这是因为加入冷水会破坏汤汁中的温度平衡，使遇冷的食材表面紧缩形成薄膜，而影响滋味的释出。

盐不早放：制汤时可根据情况，加入葱姜和料酒之类的调料，目的主要是可以除腥增香。若放盐最好在制作汤汁的尾声时放入，否则盐的渗透作用，会使食材表面蛋白质凝固而影响汤汁本身鲜味的散发。

撇净浮沫：汤汁中的浮沫多来源于食材中的血红蛋白，表面污物和水中的水垢等，当浮沫浮在汤的表面时，要用手勺将浮沫去除，直至撇净为止，否则会影响汤汁的色泽和气味。

注意惜汤：古语云"厨师要会当，先要会惜汤"。对于第一天没有用完的汤汁，要煮沸过夜。另外各种汤汁都要分开存放，不要串汤，因为汤汁是做菜的"本钱"，同时也是反映烹调技艺的一个重要内容。

面团

制作家常面点，首先要调制各种面团，调制面团包括和面及揉面两个过程。和面就是将各种粮食粉料与适量清水、油脂、蛋液和填料等掺合在一起，和成一个整体的面块；揉面是把和好的面块进一步加工成适合各类面点制作需要的面团。

面团可分为水调面团、膨松面团、油酥面团、蛋和面团、米粉面团和其他面团多种。从中又可细分为冷水面团、温水面团、热水面团、面肥发酵面团、干酵母发酵面团、酥皮面团、单酥面团、纯蛋面团、油蛋面团、水蛋面团、果类面团等。

冷水面团 把面粉放入小盆内扒一凹窝（图1），慢慢倒入30℃以下的冷水（图2），边倒边搅拌，使面粉呈小面片（图3），再加入少许冷水搅拌成疙瘩状面团（图4），用手揉成光滑的面团（图5），用湿布盖好（图6），略饧即可。

热水面团 面粉放入盆内扒一凹窝（图1），一边倒入热水，一边用筷子搅拌（图2），再加入少许的冷水，继续揉搓成光滑的面团（图3），把面团凉凉，再揉搓均匀，即为热水面团（图4）。

　　干酵母发酵面团 酵母放入碗内，加入清水拌至溶化（图1）；面粉扒一凹窝，加入清水（图2），倒入酵母水调匀（图3），揉搓均匀成面团（图4），盖上湿布饧发2小时即可（图5）。饧发好的面团切开后有均匀空洞（图6）。

　　山药面团 去皮熟山药放入容器内捣烂成泥（图1），加入熟面粉混合均匀（图2），反复揉搓成面团即可（图3）。

　　薯类面团 红薯去皮（图1），放入蒸锅内（图2），用旺火蒸至熟软（图3），取出，凉凉，捣烂成泥（图4），加入辅料混合均匀（图5），揉搓均匀成光滑的面团即可（图6）。

面肥发酵面团 取一小块面肥，放入干净容器内，加入适量的温水（图1），反复搅拌均匀成稀糊状（图2），再加入面粉，揉搓均匀成酵面；把食用碱放在小碗内，加入少许清水调匀成碱水（图3）；案板上撒上少许的面粉（图4），放上制作好的酵面并摊开（图5），浇上调匀的碱水（图6），反复沾抹均匀，再把酵面折叠好并揉搓均匀（图7），盖上湿布，饧发约25分钟（图8），待面团富有弹性，即为面肥发酵面团（图9）。

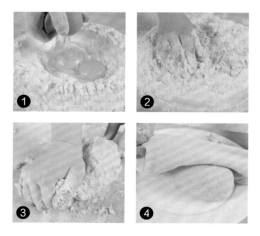

纯蛋面团 面粉放在案板上，扒一凹窝，磕入鸡蛋（图1），加入少许植物油，反复揉搓均匀（图2），制成纯蛋面团（图3），使面团达到板光、手光、面团光即可（图4）。

绿色面团 绿色蔬菜洗净（图1），剁成细末（图2），加入精盐拌匀（图3），装入布袋内（图4），挤出绿色菜汁（图5）；面粉放入容器内，倒入菜汁（图6），拌匀成粉絮状面片（图7），揉匀（图8），制成绿色面团即可（图9）。

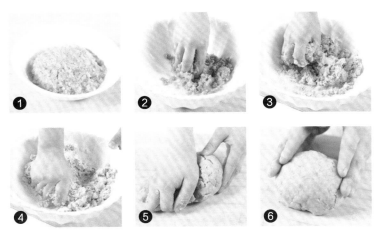

果类面团 净莲子放入锅内蒸至熟，取出，压碎成莲子蓉（图1），放入容器内，加入植物油调匀（图2），放入白糖拌匀（图3），加入熟澄面揉搓均匀（图4），放在案板上，反复揉搓（图5），待揉至面团光滑即可（图6）。

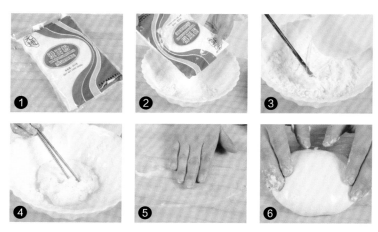

澄粉面团 澄粉是一种无筋面粉，可用来制作虾饺、粉果等（图1）。澄粉放入容器内（图2），加入沸水烫熟，使其具有黏性（图3），搅拌均匀，凉凉（图4），倒在抹有熟猪油的案板上（图5），继续揉搓均匀成澄粉面团（图6）。

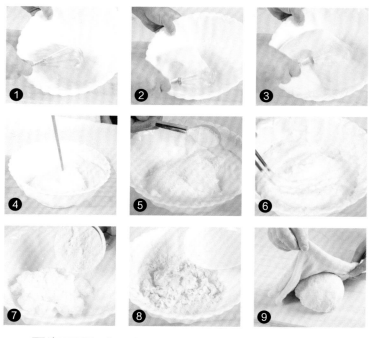

蛋泡面团 鸡蛋清放入大碗内，用打蛋器沿一个方面抽打（图1），抽打至鸡蛋清呈乳白色（图2），体积涨至原来的三倍（图3），能立住筷子时（图4），加入少许精盐（图5），搅拌均匀（图6），放入面粉拌匀（图7），加入少许温水混拌均匀（图8），揉成面团，盖上湿布稍饧即可（图9）。

油酥

　　油酥又称油酥面团，是指用油脂和面粉调制而成的面团。但全用油脂调成的面团过于松散，且难以加工成型，成熟后又会散碎。那么就要配合一些清水或其他辅料调制成"皮面"配合使用。采用油酥面团制作的各种花样点心具有色泽美观，花样繁多，层次分明，干香松酥，口味多变，营养丰富等特点。

　　油酥是起酥制品所用面团的总称，它也分成很多种类，我们可以从多角度来划分它。比如根据成品分层与否，可分为层酥面团和混酥面团两种；根据调制面团时是否加水，又分为干油酥和水油酥两种；根据成品表现形式，又分为明酥、暗酥、半明半暗酥三种；根据操作时的手法，可以分为大包酥和小包酥两种。

 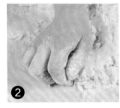 

　　干油酥 面粉放在案板上，中间扒一凹窝，放入熟猪油（图1），用手掌跟压住，一层一层地向前揉匀（图2），揉匀后滚成团，再次揉搓，如此反复数次即成干油酥面（图3）。

　　水油酥 熟猪油放入碗内（图1），加入适量温水搅拌均匀成猪油水（图2）。面粉放在案板上，中间扒一凹窝，倒入猪油水（图3），揉搓成粉絮状（图4），再反复揉搓成光滑的面团（图5），盖上湿布稍饧，即为水油酥面（图6）。

　　小包酥 把干油酥、水油酥分别滚成长条，再把干油酥、水油酥分别下成剂子（图1），把水油酥按扁（图2），中间放入干油酥，按扁，擀开，叠好成小包酥（图3）。

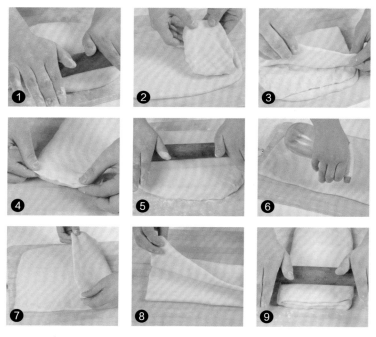

　　大包酥 水油面擀成片（图1），干油酥放在面片一侧（图2），用另一侧面皮包住（图3），按紧接口（图4），擀成大片（图5），喷上少许清水（图6），先把面皮叠成三折（图7），整理成形（图8），继续擀成片即可（图9）。

　　明酥皮 油酥面按压成圆片，中间放入馅料（图1），把面剂收口（图2），放在案板上，按压成形即可（图3）。

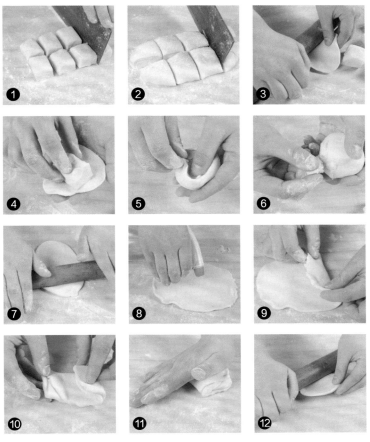

　　风味小包酥 油酥面切成小面剂（图1）；水油面切成面剂（图2），擀成面片（图3），放上油酥面（图4），收口收实（图5），掐去剂头（图6），揉匀，擀成面片（图7），喷上清水（图8），折叠成三折（图9），整理成形（图10），轻轻按压（图11），擀压成面片即可（图12）。

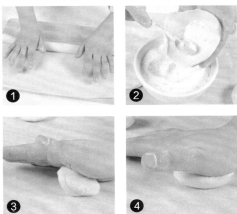

　　暗酥皮 将擀好的薄片卷成长条（图1），下成小面剂，按压成面皮，包入少许馅料（图2），封口，放在案板上轻轻揉搓（图3），按压成大小均匀的生坯即可（图4）。

主食成型

各种主食的制作，首先离不开多样的成型手法。家常主食的成型手法，就是用调制好的各种面团，按照主食制品的要求，用各种方法制成多种多样的半成品(或者成品)。

主食的成型手法是一项技艺性工作，也是主食制作的重要组成部分之一，对丰富主食的品种、花色、保证主食的品质等方面，有着非常重要的作用。

我们知道，家常主食的品种多样，花色繁多，因此主食的成型手法也比较多。从总的制作程序看，家常主食的成型手法可分为搓条、下剂、制皮和成型四大步骤。其中搓条、下剂和制皮三个步骤属于面点成型前的准备阶段，也是面点制作的基本技术范围，它与最后的主食成型是密不可分的，而且对成型质量影响很大。主食成型的手法也比较多，其中比较常见的有包、卷、饺、条、模具成型等。

搓条 先取一块面团，揉搓均匀，顺长切成长条（图1），用掌跟压在条上，来回推揉（图2），或者用抻面条的方法向两端延伸（图3），揉搓成粗细均匀的长条状即可（图4）。

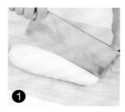
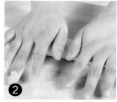

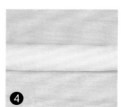

揪剂 把面团揉搓均匀成长条状，一手握住面剂条，露出少许的剂子（图1），用手捏住露出的面剂子（图2），顺势往下揪成大小均匀的面剂（图3），放在案板上，轻压成圆形状即可（图4）。

切剂　把面团揉搓成大块，切成两半（图1），再把面团搓成均匀的长条状（图2），用刀将长条状剂条切成剂子（或剂块）（图3）即可，切剂主要用于切制馒头生坯等（图4）。

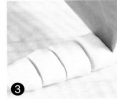

挖剂　一手抓住剂条，另一手四指弯曲成铲形，按住剂条，从剂条下面伸入（图1），顺势向上一挖（图2），成为大小均匀的小面剂（图3），放在案板上，轻轻按压即可（图4）。

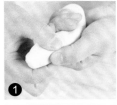
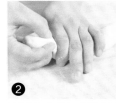
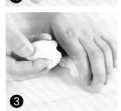

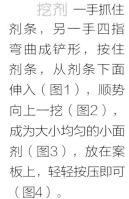

拉剂　把面团揉搓均匀成剂条（图1），一手握住剂条，另一手的五指抓住剂条的一块（图2），顺势一块块拉下，成大小均匀的面剂（图3），再将面剂按压成形即可(图4)。

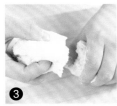

按皮　面团下成面剂（图1），用手掌跟部按成中间稍厚、边缘稍薄的圆形片（图2）。

拍皮 面团揪成面剂（图1），用刀沿剂子周围拍成中间厚、周围薄的圆皮（图2）。

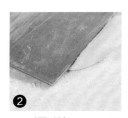

揉搓 一手握住面剂（图1），掌跟压在面剂一端的底部，向前轻轻推揉（图2），使面剂头部变圆，剂尾揉进变小（图3），最后剩下一点面剂掐掉，立在案板上即可（图4）。

水饺皮 将面团下成均匀的小面剂（图1），一手捏住边沿，一手擀制（图2），擀一下，将面剂皮转动一个角度（图3），继续擀制，直至擀成厚薄均匀的圆形片即可（图4）。

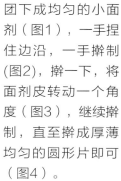

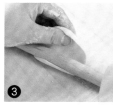

纺锤形 把面剂放在案板上，揉搓均匀（图1），用手掌反复揉搓，并轻轻按压成尖状（图2），再将另一侧的面团按压成形（图3），轻轻揉搓均匀，成纺锤形即可（图4）。

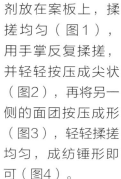

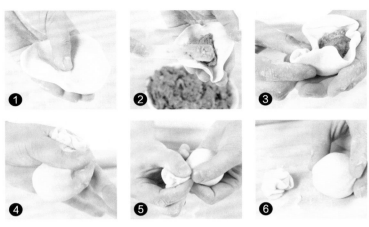

大包　一手托住面皮（图1），使面皮在手中呈凹形，中间放入馅料后稍按（图2），将四边拎起拢向中间（图3），包住收口并按挤紧密（图4），掐掉挤出的小剂头（图5），制成无缝的圆形或蛋形等，剂口朝下放在案板上即可（图6）。

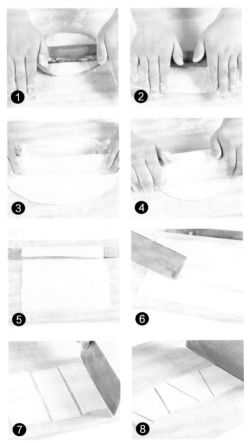

馄饨皮　将面团揉搓均匀，用擀面杖轻压成方形团块（图1），再用擀面杖向四周擀开成矩形厚面皮（图2），卷在面杖上，双手向前推滚（图3），每推滚几次，撒上少许面粉（图4），直至把面团擀成薄而匀的薄片（图5），将大薄面片先切成长条块（图6），再切成大小均匀的正方形（图7），或者切成梯形、三角形、方形、六边形等等（图8）。

馄饨 一手握住面皮，一手拿筷子头挑一点馅料（图1），将馅料放在面皮的一头（图2），顺势将筷子朝内卷两卷（图3），抽出筷子，将两头粘连在一起（图4），即为生坯（图5）。还可以将馅料抹在面皮中间，连续对折两次（图6），再将一端靠里的一面涂抹上少许清水，与对称的另一端的里层粘合起来（图7），制成猫耳朵形状的馄饨生坯（图8）。

春卷 春卷皮放在案板上，放入少许馅料（图1），将下侧的皮向上叠盖在馅料上（图2），两头往里叠一下并轻轻压实（图3），滚动，使上侧的皮叠盖在皮上（图4），封口处用清水或面糊粘住（图5），即成长条形春卷生坯（图6）。

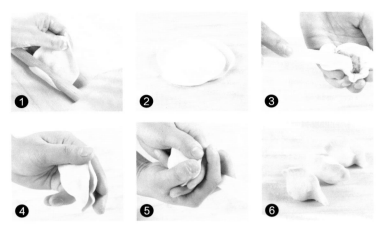

木鱼饺 擀制面剂（图1），直至擀成圆面皮（图2），一手托皮，中间放上馅料（图3），面皮送入虎口处（图4），拇指将面皮的边向上扶，另一手虎口托住另一端（图5），双手食指弯曲向下，拇指对称，挤捏成木鱼饺即可（图6）。

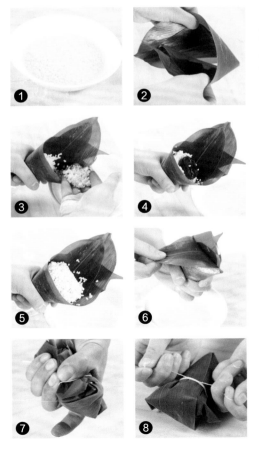

粽子 把糯米放入清水中浸泡2小时（图1），将两张粽叶合在一起（图2），扭成锥形筒状，放入少许糯米（图3），再放入其他辅料，如红枣馅、豆沙馅、叉烧馅、白糖馅等（图4），再用少许糯米盖在辅料上面（图5），先用上面的粽子叶盖住糯米并压实，包成菱角形状的粽子（图6），也可以包成三角形、四角形等（图7），最后用麻绳捆紧即可（图8）。

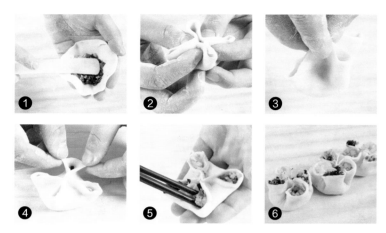

四喜饺 面皮抹上少许馅料（图1），从四等份处提起（图2），捏成四角八边（图3），相邻两边捏在一起呈四个小洞（图4），填上馅料（图5），把洞的角捏尖即可（图6）。

馅饼 面皮中间包入馅料后收口（图1），放在案板上，用手掌按压（图2），直至成为均匀扁圆的饼形（图3）。

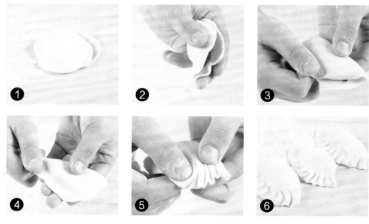

月牙饺 面剂擀成薄片（图1），放入馅料，将中间捏上（图2），再将两侧的面皮合上（图3），手的食指放在皮的外边，拇指放在皮里边，食指和拇指配合（图4），从一头开始推捏出瓦棱形的褶（图5），呈月牙形即可（图6）。

模具饺 饺子皮放在模具上，放上馅料（图1），将模具两端朝中间扣紧（图2），松开模具即成饺子形（图3）。

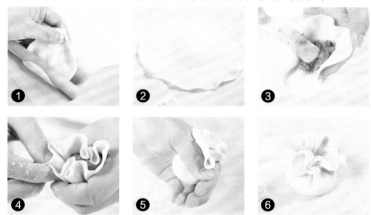

烧卖 擀面杖压住剂子边缘（图1），边擀边顺一个方向擀成中间厚、边缘薄的圆皮（图2），放入馅料（图3），用手指虎口将靠近收口处稍稍挤紧（图4），转动成石榴形烧卖（图5），烧卖制品不要封口，要能从口处见到馅料（图6）。

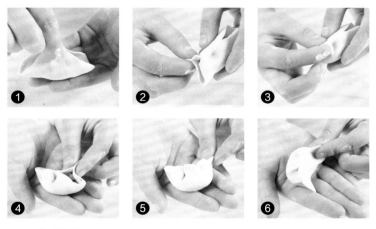

家常饺 面皮放上馅料，中间捏和（图1），从右侧捏皮（图2），将右侧面皮捏合（图3），再从左侧捏（图4），继续从左侧将面皮捏紧（图5），即为家常饺（图6）。

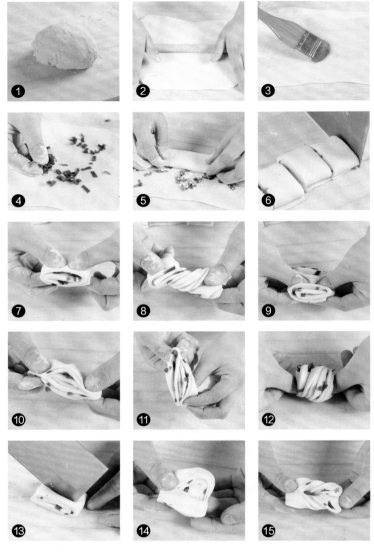

　　单花卷 面团揉搓均匀（图1），擀成薄片（图2），用刷子刷上一层植物油（图3），均匀地撒上葱花、精盐等（图4），从一侧卷起成单卷（图5），再用刀切成大小适宜的面剂（图6），用手执面剂两端，使边稍往上翘（图7），一手向外，一手向里对拧成花卷（图8）；或将面剂从中间按压一下（图9），将切面朝上翻起、捏实（图10），一手朝外，一手朝里对拧一下（图11），即成单花葱花卷（图12）；还可以从面剂中间划一个刀口（图13），拿住一头穿过刀口（图14），翻过来略抻，即成单套环花卷（图15）。

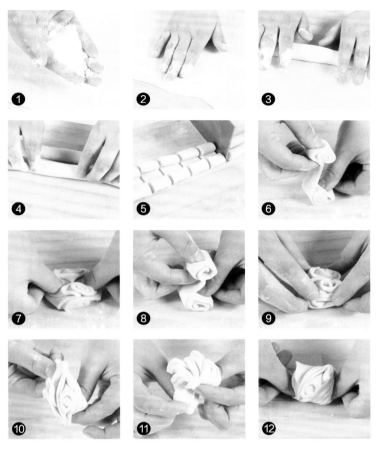

双花卷 面团擀成片（图1），抹上精盐（图2），从一侧卷成卷（图3），再从另一侧对卷成双卷（图4），切成面剂（图5），双手拿住面剂两端（图6），在卷纹中间一顶成虎头双花卷（图7）；或将双花卷中间按一凹痕（图8），将切面对齐（图9），双手握住两端拉伸（图10），再将两端分别向左右一卷（图11），即成枕形双花卷（图12）。

圆形点心 手执生坯一块(图1)，光面朝下放入模具内，将生坯按实、压平，削去多余部分（图2），将模具翻扣在案板上，取出成品即可（图3）。

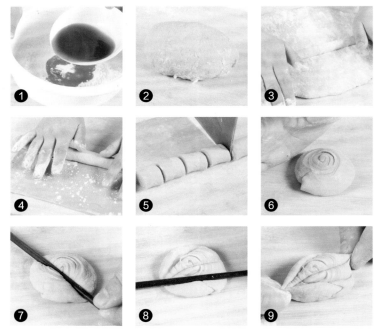

秋叶卷 面粉中加入蔬菜汁（图1），揉搓均匀成绿色面团（图2），擀成长方形大片（图3），撒上面粉，从一侧卷起成筒形（图4），切成面剂（图5），花纹朝上放在案板上，轻压一下（图6），用筷子在断面处压一下（图7），继续在断面处压上纹（图8），将两端稍捏成形即可（图9）。

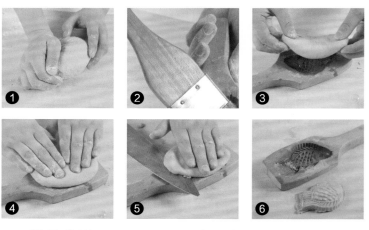

绿色鱼饼 面团揉匀，稍饧（图1）；木制模具刷上植物油（图2），把面团做成小面剂，放入模具内（图3），轻轻按压并充盈模具（图4），削去多余面剂（图5），把模具头部磕在案板上并瞬间头部弹起即可（图6）。

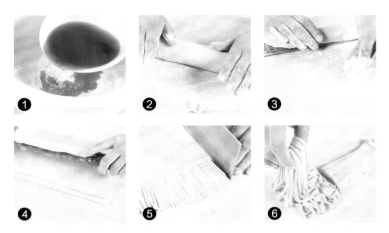

面条　面粉和绿色蔬菜汁揉搓均匀成面团（图1），用擀或压的方法制成大薄片（图2），擀面片的同时，需要撒上少许面粉（图3），折叠成长条形（图4），一手按住，一手用刀直切（图5），切成宽窄合适的面条，拿起抖开即可（图6）。

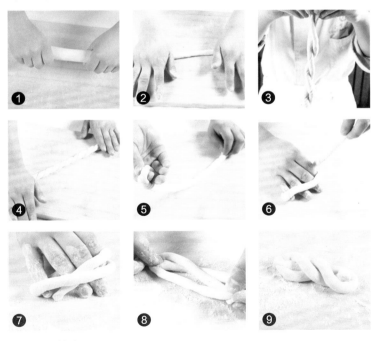

麻花条　面团擀成粗的剂条（图1），搓成均匀的长条（图2），将长条两端合在一起成双股（图3），一手向前，一手向后搓（图4），再一手握住双条的一端（图5），缠绕在手上并扣紧（图6），把双条放在案板上（图7），两端轻轻拉伸并捏紧（图8），最后合拢成绳状麻花条（图9）。

馅料

馅料又称馅心，就是用各种不同的制馅食材，经过精细加工制成的形式多样，味美适口，并包在面点内部的心子。

我们知道，馅料属于包烹食物食材，是由原始的包烹法发展演化而来。所谓包烹法，是先民在没有炊具的时代，用大型植物叶子包裹食材，在叶子的外面糊上稀泥，再用烧、烤或煨等方法加工熟制。现在看来包烹法非常简单，但在当时是一种了不起的创举。后来人们进一步发现，要想使包烹食品味美，就要将大块食物弄碎再包烹，由此出现了馅料的雏形，并且包烹也由原始的叶包逐步发展成豆皮包、蛋皮包等等，并出现了饺子、锅贴、馅饼等多种具有美味馅料的食品。

馅料不但取料广泛，用料讲究，制作精细，而且甜咸分明，荤素有别，各有各的特色，我国面点馅料普遍按口味、制作方法和食材的不同进行分类。

馅料按制作方法可分为熟馅和生馅两大类，生馅调制方法以拌为主，习惯上称为拌馅。熟馅调制方法很多，如炒、烧、蒸、煮等；按食材一般分为荤馅和素馅两类，又可细分为猪肉类、牛羊肉类、水产类、蔬菜类等。

馅料的作用

决定制品的口味：包馅制品的口味和特色，主要是由馅料来体现的。其一是因为包馅制品的馅心占有较大的比重，一般品种的馅料制品，其皮料、馅料各占50%左右；其二是人们往往以馅料的质量，作为衡量包馅制品质量的重要标准之一，包馅制品的鲜、香、油、嫩等，实际上是馅料口味的反映。

影响制品的形态：馅料调制适当与否，对馅料制品成熟后的形态能否保持不走样、不塌形有着很大的关系。一般情况下，制作花色面点品种时，馅料应稍硬些，这样能使制品在成熟后保持形态不变；有些制品，由于馅料的装饰，可使制品形态优美。如在制作各种花色蒸饺时，在生坯表面的孔洞内装上火腿、虾仁、青菜、蟹黄等馅料，可使形态更加美观、逼真。

增加花色品种：各种不同风味的馅料，可以很好地增加面点的花色品种，同样是饺子，因为馅料的不同，形成了不同的风味，也增加了饺子的花色品种。

素 馅

食材：绿豆芽150克，嫩菜心50克，水发口蘑、水发香菇各15克，木耳5克。

调料：精盐1小匙，味精少许，红腐乳汁1大匙，香油2小匙。

绿豆芽漂洗干净，掐去绿豆芽的两端（图1），把绿豆芽放在案板上，剁成细粒（图2），放在干净纱布上（图3），包裹好，挤净水分（图4）。

嫩菜心洗净，沥净水分，去掉菜根，切成碎末（图5）；水发口蘑洗净，先切成片（图6），再切成小粒（图7）；水发香菇去蒂，洗净，切成小粒（图8）；木耳用清水浸泡至涨发，放入沸水锅内焯烫一下，捞出，过凉，切成小粒（图9）。

把加工好的各种食材全部放在干净容器内，先加入红腐乳汁（图10），再加入精盐调拌均匀（图11），放入味精、香油调拌均匀即可（图12）。

翡翠菠菜馅

食材：净菠菜400克，熟火腿50克，净冬笋30克。
调料：精盐1小匙，白糖少许，味精1/2小匙，香油2小匙。

净菠菜放入沸水锅中焯烫一下（图1），捞出，过凉，攥干水分（图2），剁碎（图3）；熟火腿切粒（图4）；净冬笋切粒（图5）；菠菜碎加入精盐（图6），放入火腿粒和冬笋粒（图7），加入白糖、味精（图8），放入香油即可（图9）。

芝麻馅

食材：芝麻200克。
调料：精盐2小匙。

把芝麻放入热锅内，用小火煸炒3分钟，取出，凉凉，擀成细末（图1），放入小碗内，加入精盐（图2），调拌均匀，即成清香可口的芝麻馅（图3）。

五仁馅

食材：熟面粉250克，猪肥膘肉100克，五仁150克。

调料：白糖400克，饴糖120克。

　　五仁压成米粒状（图1）；猪肥膘肉剁成蓉（图2），放入盛有熟面粉的盆内（图3），加入五仁、调料等揉搓均匀（图4），取出，压成大块（图5），切成颗粒即可（图6）。

红薯馅

食材：红薯500克，瓜子仁、芝麻各25克。

调料：精盐1小匙，白糖200克，植物油50克。

　　瓜子仁、芝麻放入油锅内炒至熟（图1）；净红薯蒸至熟（图2），取出，压成泥（图3），倒入锅中炒香（图4），放入碗内（图5），加入瓜子仁、芝麻和调料拌匀即可（图6）。

莲蓉馅

食材：水发莲子500克。

调料：白糖300克，植物油3大匙。

　　水发莲子去掉心（图1），放入清水锅内煮熟（图2），取出，拌成蓉（图3）。油锅内加入白糖（图4），煸炒至溶化，加入莲蓉（图5），翻炒至吐油时，倒入容器内即可（图6）。

糯米咸蛋馅

食材：糯米200克，咸鸭蛋2个，猪肉末100克。

调料：精盐、酱油、料酒、白糖、胡椒粉、香油各适量。

　　糯米加入清水，上屉蒸至熟（图1）；熟咸蛋切成小粒（图2）；熟糯米放入盆内（图3），加入猪肉末、咸蛋粒（图4），放入调料拌匀（图5），加入香油拌匀即可（图6）。

生肉馅

食材：五花肉末500克。

调料：葱末、姜末各15克，酱油、精盐、味精、香油各适量。

五花肉末放入碗中，加入酱油（图1），倒入清水拌匀（图2），加入精盐和姜末搅匀（图3），再放入葱末和味精调匀（图4），放入香油搅匀（图5），即成生肉馅料（图6）。

腊肉馅

食材：熟面粉200克，腊肉150克，芝麻粉50克。

调料：白糖250克，精盐少许，饴糖1大匙，熟猪油50克。

熟腊肉切成粒（图1），放入盛有熟面粉的容器内拌匀（图2），加入熟猪油（图3），揉搓均匀，加入调料揉匀（图4），揉成长方形块（图5），切成小方块即可（图6）。

三鲜馅

食材：虾肉、猪肉末各150克，水发海参、水发口蘑粒各50克。
调料：葱末、姜末各15克，酱油、精盐、香油各适量。

　　虾肉切成粒（图1），水发海参切成粒（图2），放入碗内，加入猪肉末（图3），放入酱油、精盐（图4），加入葱末、姜末、水发口蘑粒调匀（图5），加入香油拌匀即可（图6）。

五香羊肉馅

食材：羊肉400克，香葱粒50克，荸荠40克。
调料：精盐、酱油、沙嗲酱、五香粉、胡椒粉、香油各适量。

　　羊肉切成粒（图1）；荸荠去皮（图2），切成粒；羊肉粒放入锅内炒至变色（图3），加入荸荠粒（图4），放入调料炒至熟（图5），出锅，加入香葱粒拌匀即可（图6）。

清香羊肉馅

食材：羊肉400克，鸡蛋1个。

调料：姜末10克，精盐1小匙，酱油1大匙，香油2小匙。

羊肉去掉筋膜（图1），剁成蓉（图2），放入大碗内，磕入鸡蛋（图3），加入精盐、姜末拌匀（图4），分数次加入清水拌匀（图5），放入酱油、香油拌匀即可（图6）。

咖喱牛肉馅

食材：牛肉300克，洋葱75克，香葱25克。

调料：精盐、白糖、味精、酱油、咖喱、香油各适量。

牛肉剁成蓉（图1）；洋葱去皮，切成小粒（图2）；香葱去根，洗净，切成小粒（图3）；牛肉蓉放入容器内，加入酱油、精盐、白糖、味精、咖喱粉拌匀（图4），放入洋葱粒和香葱粒稍拌（图5），加入香油搅拌均匀即可（图6）。

鸡肉馅

食材：鸡胸肉400克，肥肉蓉100克，水发香菇、冬笋各30克。

调料：姜汁、酱油、精盐、料酒、味精、香油各适量。

鸡胸肉剁成蓉（图1）；水发香菇切成粒（图2）；冬笋切成粒（图3）；鸡肉蓉、肥肉蓉放入碗中，加入调料（图4），放入香菇粒、冬笋粒（图5），加入香油调匀即可（图6）。

鸭肉馅

食材：鸭胸肉500克，肥膘肉75克，冬笋粒50克。

调料：葱末10克，姜末5克，精盐、白糖各1小匙，料酒、酱油1大匙，五香粉少许，香油2小匙。

肥膘肉剁成蓉（图1）；鸭胸肉放入锅内煮熟（图2），切成粒（图3），放入锅内，加入肥肉蓉和冬笋粒炒散（图4），放入调料（图5），加上葱末、姜末和香油炒匀即可（图6）。

鱼肉馅

食材：鱼肉350克，猪肥肉蓉75克，水发口蘑25克。

调料：葱末、姜末各5克，精盐2小匙，料酒1大匙，味精1小匙，香油少许。

鱼肉去鱼皮（图1），剁成蓉（图2）；水发口蘑切成粒（图3），全部放入碗中，加入精盐、料酒、味精、葱末、姜末（图4），放入口蘑粒（图5），淋入香油即可（图6）。

蟹肉馅

食材：螃蟹4个，五花肉末150克，水发香菇30克。

调料：葱末、精盐、酱油、胡椒粉、鸡精、香油各适量。

螃蟹取净蟹肉（图1）；水发香菇切成粒（图2）；五花肉末加入蟹肉（图3），放入酱油、精盐、香菇粒（图4），加入葱末、胡椒粉和鸡精（图5），放入香油拌匀即可（图6）。

图书在版编目（ＣＩＰ）数据

厨房密语 / 赵怀信编著. -- 长春 ：吉林科学技术
出版社，2019.9
ISBN 978-7-5578-5248-1

I . ①厨… II . ①赵… III. ①食谱 IV.
①TS972.12

中国版本图书馆CIP数据核字(2018)第299990号

厨房密语

CHUFANG MIYU

编　　著　赵怀信
出 版 人　李　梁
策划编辑　张恩来
责任编辑　高千卉
封面设计　长春创意广告图文制作有限责任公司
制　　版　长春创意广告图文制作有限责任公司
幅面尺寸　170 mm×240 mm
字　　数　250千字
印　　张　15
印　　数　1-6 000册
版　　次　2019年9月第1版
印　　次　2019年9月第1次印刷
出　　版　吉林科学技术出版社
发　　行　吉林科学技术出版社
地　　址　长春市净月区福祉大路5788号出版集团A座
邮　　编　130021
发行部电话/传真　0431-85677817　85635177　85651759
　　　　　　　　　　　　85651628　85600611　85670016
储运部电话　0431-86059116
编辑部电话　0431-85610611
网　　址　www.jlstp.net
印　　刷　吉林省创美堂印刷有限公司
书　　号　ISBN 978-7-5578-5248-1
定　　价　58.00元
如有印装质量问题　可寄出版社调换